COURAU

POCHES ODILE JACOB

DU MÊME AUTEUR
CHEZ ODILE JACOB

L'Homme thermomètre. Le cerveau en pièces détachées, 2004.

LAURENT COHEN

POURQUOI LES CHIMPANZÉS NE PARLENT PAS

et 30 autres questions sur le cerveau de l'homme

Odile Jacob
poches

15, rue Soufflot, 75005 Paris

www.odilejacob.fr

ISBN : 978-2-7381-2593-4
ISSN : 1621-0654

Introduction

Pourquoi les enfants apprennent-ils à parler et non les chimpanzés ? Comment fonctionne la mémoire ? Et comment peut-on la perdre ? Comment votre cerveau choisit-il son candidat favori aux élections présidentielles ? Les pigeons savent-ils compter ? Peut-on lire dans les pensées ? Comment peut-on prendre son père pour un martien et son bras droit pour une pièce de boucherie ? Peut-on implanter de faux souvenirs dans votre tête ?

J'ai écrit ce livre à partir d'une série de chroniques réalisées pour *Le Magazine de la santé*, une émission de télévision animée par Michel Cymes et Marina Carrère d'Encausse. L'idée de cet ouvrage est de tenter de répondre aux questions que se pose le public le plus large sur le fonctionnement du cerveau et de donner une information attrayante sur les derniers progrès de ce qu'on appelle les « neurosciences cognitives », c'est-à-dire les sciences qui cherchent, dans le fonctionnement du cerveau, les mécanismes de la vie mentale.

J'ai choisi les sujets abordés ici pour leur intérêt, au gré des patients que j'ai rencontrés, ou pour répondre à des questions pratiques que se posent beaucoup de gens.

Derrière cette diversité de sujets, quelques idées importantes se dégagent : que, dès la naissance, notre cerveau humain est équipé pour vivre en société, qu'un rien sépare les hallucinations ou les rêves de la perception véridique du monde et de soi, que, tout comme la forme de notre corps, nos capacités mentales sont le résultat de millions d'années de sélection naturelle.

Bigger is better : un gros cerveau vaut-il mieux qu'un petit ?

Posons la question de façon brutale : est-on plus intelligent quand on a un plus gros cerveau ?

Voilà une question apparemment très simple, tellement simple qu'on a envie de répondre sans réfléchir : « Oui, évidemment ! » Il suffit de comparer le cerveau d'une grenouille (un dixième de gramme), d'un chat (30 g), d'un macaque (100 g), d'un homme (1 400 g) : d'une espèce à l'autre, le cerveau est de plus en plus gros, et les capacités intellectuelles de plus en plus élevées, même si l'on conserve un certain flou sur ce qu'on appelle « capacités intellectuelles ». C'est la même chose si nous parcourons la lignée de nos ancêtres. Il y a 2 millions d'années, le cerveau d'un *Homo habilis* pesait en moyenne 750 g, il y a 1 million d'années, celui d'un *Homo erectus,* 900 g ; aujourd'hui notre cerveau pèse près de 1,5 kg (*figure 1*).

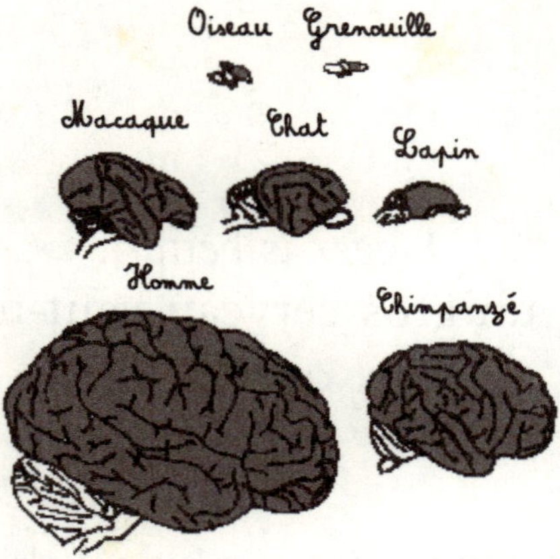

Figure 1 : En comparant des espèces entre elles, il apparaît évident qu'il existe une corrélation entre la taille du cerveau et les capacités intellectuelles.

Sait-on pourquoi le cerveau a eu globalement tendance à augmenter de volume au cours de l'évolution de l'espèce humaine ?

Au cours de l'évolution, un cerveau plus gros a sans doute présenté certains avantages, comme l'invention de comportements plus variés, plus souples, l'adaptation intelligente à de nouvelles conditions de vie, etc. Il est clair qu'avec un plus grand nombre de neurones, avec une machinerie cérébrale plus vaste, on peut élaborer des pensées et des actions plus complexes. Cela dit, un plus gros cerveau peut aussi présenter des inconvénients. Le cerveau est un organe très glouton, qui chez l'homme consomme un quart du sucre absorbé par notre corps. À court terme, avoir un gros cerveau à nourrir quand la nourriture est rare peut poser certains problèmes. Quoi qu'il en soit, dans la lignée de nos ancêtres, les avantages d'un gros cerveau semblent bien l'avoir emporté sur les inconvénients.

Autrement dit, le hasard des mutations a produit de petites modifications du code génétique de nos ancêtres, dont certaines aboutissaient à une augmentation de la taille du cerveau, et ceux qui avaient un cerveau plus gros ont eu une descendance plus vaste, dont nous sommes issus. Que sait-on de ces mécanismes génétiques qui contrôlent la taille du cerveau ?

On connaît certains des gènes impliqués dans cet accroissement de taille propre à l'espèce humaine. Il existe une anomalie rare du développement du cerveau, la « microcéphalie primaire ». Ceux qui en souffrent ont un cerveau de petite taille et présentent un certain retard intellectuel. Mais, si leur cerveau est petit, sa structure est normale, tout comme son fonctionnement, dans les limites imposées par sa taille. La microcéphalie résulte d'anomalies génétiques héritées des parents. On a identifié certains gènes impliqués dans la microcéphalie. Ils contrôlent la multiplication des cellules nerveuses au cours du développement fœtal, ce qui explique leur impact sur la taille finale du cerveau. C'est donc l'étude de la microcéphalie qui a attiré l'attention des généticiens sur ces gènes particuliers. Ils se sont alors posé la question de savoir si des modifications de ces mêmes gènes pouvaient expliquer que notre cerveau soit plus volumineux que celui de nos cousins singes. Ils ont donc étudié ces gènes chez différentes espèces de primates. Ces études suggèrent que des mutations se sont en effet produites à plusieurs reprises au cours de l'évolution, et notamment depuis que nos ancêtres se sont séparés de ceux des gorilles et des chimpanzés. Il est probable que ces mutations ont été responsables d'un accroissement de la taille du cerveau, que cela présentait un certain avantage pour les individus concernés et que nous avons donc hérité de ces gènes « améliorés ».

Quoi qu'il en soit, s'il y a un lien entre l'intelligence des espèces et la taille de leur cerveau, l'homme étant en toute modestie l'espèce la plus intelligente, il devrait avoir le cerveau le plus gros de la création. Est-ce le cas ?

Nullement ! En fait, notre kilo et demi ne pèse pas lourd à côté des 7 à 8 kg d'un éléphant ou d'une baleine. Ce qui veut dire que la corrélation entre taille du cerveau et intelligence est plus compliquée que ce qu'il nous semblait d'abord.

Qu'y a-t-il donc dans le cerveau d'un éléphant qui pèse si lourd et qui ne le rend pas plus intelligent que nous pour autant ?

Tout est plus ou moins proportionnel : les gros animaux ont de gros yeux, de grosses pattes, un gros cœur et... un gros cerveau. Beaucoup de neurones sont nécessaires pour recevoir l'information qui arrive d'une peau qui fait des dizaines de mètres carrés, pour piloter des tonnes de muscles, sans compter la masse des tissus cérébraux qui servent à soutenir, alimenter, entretenir tous ces neurones.

Donc, pour être impartial, en comparant la taille des cerveaux entre espèces animales, il faudrait d'une manière ou d'une autre tenir compte de la taille du corps ?

En effet. Une manière simple de procéder est de diviser le poids du cerveau par le poids total du corps. On obtient alors un pourcentage, qui permet de faire des comparaisons entre espèces. Naturellement, toutes les comparaisons ne sont pas intéressantes. Chez l'homme, le cerveau représente environ 2 % du poids du corps, alors que chez la souris le pourcentage est de 3 % et seulement de 0,2 % chez le pauvre kangourou. Mais ces espèces sont si différentes que cette comparaison n'a pas grande signification. En revanche, il est plus intéressant de nous comparer à des espèces proches et de savoir que notre cerveau est environ trois fois plus gros qu'on ne l'attendrait d'un grand singe, en tenant compte de la taille du corps. On peut alors se poser des questions sur la raison de cette différence entre nous et nos proches cousins, ce qui nous renvoie aux gènes dont nous avons parlé.

Nous ne parlons que de taille, comme si le cerveau n'était qu'une masse confuse, un tas informe de cellules. Or nous savons bien que le cerveau est une combinaison de petites machines spécialisées, que chaque région remplit des fonctions bien particulières, comme le prouve la variété des pannes qui résultent des lésions cérébrales selon leur localisation exacte. Cela suggère que ce qui compte pour l'intelligence n'est peut-être pas la quantité totale de cerveau, mais le développement de certains systèmes cérébraux, et pas n'importe lesquels.

C'est en effet un point essentiel. Si vous comparez un cerveau humain et un cerveau de macaque, *a fortiori* un cerveau humain et un cerveau de rat, vous allez remarquer une différence de taille, mais aussi une évidente différence de forme. Par rapport à un cerveau de singe, hormis la taille, la particularité la plus évidente du cerveau humain est le développement massif de l'avant du cortex, ce qu'on appelle la « région préfrontale », placée juste derrière le front. C'est une région essentielle pour élaborer des comportements nouveaux, des stratégies originales, pour échapper aux réflexes et aux routines, ce qui a beaucoup à voir avec l'intelligence, dans le sens le plus intuitif de ce mot.

En bref, on pourrait dire que l'intelligence des différentes espèces animales est corrélée à la taille de leur cerveau, sachant qu'il faut tenir compte en plus de deux choses importantes : la taille du corps et le développement inégal de telle ou telle partie du cerveau. Mais qu'en est-il des différences entre individus d'une même espèce ? Suis-je plus ou moins intelligent que mon voisin de palier parce que mon cerveau est plus gros ou plus petit que le sien ?

Cette question est beaucoup plus difficile que la comparaison grossière entre espèces différentes. Les différences, aussi bien anatomiques qu'intellectuelles, entre individus humains sont infiniment plus petites et plus complexes qu'entre un homme et un singe. Les réponses ne peuvent être que nuancées et fondées sur des comparaisons détaillées des différentes capacités cognitives, et sans doute sur des analyses anatomiques plus fines que la simple mesure du volume cérébral. Autrement dit, quand il s'agit de comparer des individus de la même espèce, les notions d'intelligence et de taille deviennent trop grossières pour être vraiment satisfaisantes. Une bonne illustration de cette impasse est la comparaison entre hommes et femmes, sujet controversé. La question a été souvent posée de façon caricaturale de savoir si, du fait que le cerveau des hommes est plus gros que celui des femmes, ils leur sont intellectuellement supérieurs.

Voyons ce qu'il en est. Cette différence de taille du cerveau est-elle réelle ?

Oui. Il se trouve que le cerveau des femmes est en moyenne 10 % plus petit que celui des hommes. Mais souvenez-vous de l'éléphant et de son cerveau de 7 kg. Les plus grosses bêtes ont forcément un plus gros cerveau que les plus petites, or monsieur est souvent une plus grosse bête que madame. Toutefois, il ne faut pas être politiquement correct à tout prix, il semble bien que la différence de taille du corps n'explique pas complètement la différence de volume cérébral : les femmes ont un cerveau un peu moins gros, même en tenant compte de leur plus petite taille.

Et l'intelligence des femmes est-elle proportionnellement inférieure ?

Non. Si nous acceptons une définition un peu floue de l'intelligence comme la capacité à élaborer des comportements nouveaux, des stratégies originales, les femmes ne diffèrent pas systématiquement des hommes. Il est vrai qu'il existe des différences cognitives entre hommes et femmes, d'ailleurs extrêmement modestes, et limitées à quelques domaines particuliers. Par exemple, les hommes sont en moyenne meilleurs pour imaginer et manipuler des objets en trois dimensions dans leur tête. Ces différences pourraient résulter de différences subtiles et localisées de l'organisation cérébrale des hommes et des femmes, pour lesquelles la mesure très grossière que représente la taille globale du cerveau ne nous apprend rien.

En d'autres termes, vous dites que c'est une perte de temps de chercher un rapport simple entre taille du cerveau et intelligence quand on compare des individus de la même espèce, en particulier des humains entre eux. Cela signifie-t-il qu'il n'y a pas de lien entre l'anatomie du cerveau, sa forme, sa taille et les capacités intellectuelles ?

Certainement pas. Les progrès récents de l'imagerie cérébrale, qui permet une analyse de l'anatomie beaucoup plus sophistiquée que la mesure du volume cérébral, et les progrès de la psychologie, qui permet une analyse beaucoup plus sophistiquée des capacités intellectuelles qu'un simple QI, donnent les moyens d'étudier « intelligemment » les rapports entre intelligence et anatomie. Pour illustrer ce qu'apportent les progrès de l'anatomie, je pense par exemple à un travail réalisé en 2006 par l'équipe de Jay Giedd, qui a étudié au moyen de l'IRM l'épaisseur du cortex d'enfants et d'adolescents au cours de leur développement. Contrairement à ce qu'on aurait pu attendre de façon très simpliste, les enfants les plus intelligents n'avaient pas juste un cortex globalement plus épais. Ce qu'ils avaient de particulier, c'était le profil d'évolution dans le temps de l'épaisseur de leur cortex, surtout de la région préfrontale dont nous avons parlé tout à l'heure, région essentielle pour l'élaboration intelligente de comportements nouveaux. Dans la petite enfance, le cortex des enfants les plus doués est plus mince que la moyenne, puis au cours des années suivantes il s'épaissit plus vite que la moyenne, et enfin à l'adolescence il s'amincit plus vite que la moyenne. Dans cet exemple, il semble donc que ce ne soit pas simplement le volume, la masse, qui compte, mais quelque chose de beaucoup plus subtil, une sorte de plasticité dans le temps de certaines parties du cerveau, leur faculté de changement et d'adaptation.

Il existe donc des liens entre l'anatomie du cerveau, à condition de savoir la mesurer de façon assez fine, et les capacités intellectuelles. Des gens qui possèdent des capacités extraordinairement développées dans un domaine particulier pourraient donc avoir une anatomie cérébrale hors normes ? Les mathématiciens de génie auraient-ils une véritable « bosse des maths » ?

Sûrement pas une bosse, mais de petites particularités anatomiques sont imaginables. C'est justement sur les relations entre capacités exceptionnelles et anatomie du cerveau que porte notre prochaine conversation.

Le cerveau des experts

Est-ce que l'anatomie du cerveau est différente selon que vous êtes plus ou moins doué dans tel ou tel domaine ?

C'est une vieille question. Vers 1800, un certain Franz-Joseph Gall a inventé une science, ou une pseudoscience, qui portait justement là-dessus. Il pensait que le cerveau était une mosaïque de régions spécialisées dans tel ou tel domaine : le langage, les mathématiques, la musique, etc. Mais, en plus, il pensait que, si vous êtes bon en maths et si moi j'ai une bonne mémoire, c'est parce vous êtes né avec une région des maths de grande taille, alors que moi je suis né avec une région de la mémoire particulièrement développée.

C'est de là que vient l'expression la « bosse des maths » ?

Oui, parce que Gall pensait que, si une région cérébrale est particulièrement développée chez quelqu'un, cela se manifeste par une bosse à la surface du crâne, à l'endroit correspondant !

Mais deux siècles plus tard, est-ce que tout est à jeter dans les théories de Gall ?

Non, pas tout. En particulier, il avait raison sur l'idée très générale selon laquelle les différentes régions du cerveau ont des rôles bien distincts. En revanche, ses idées sur les fonctions que remplissent ces différentes régions du cerveau étaient assez fantaisistes. Sans parler des bosses du crâne qui, bien sûr, ne disent rien de ce qui peut se passer dans la tête des gens.

Mais que reste-t-il de son idée que le plus ou moins grand développement d'une faculté intellectuelle est associé au plus ou moins grand développement anatomique, à la plus ou moins grande taille de telle ou telle région spécialisée du cerveau ?

La « science des bosses » inventée par Gall est tombée à l'eau quand on s'est aperçu progressivement que la forme du crâne n'avait rien à voir avec les dons intellectuels, et même qu'en regardant à l'œil nu le cerveau lui-même rien ne permettait de distinguer celui d'un mathématicien de celui d'une personne nulle en maths. Or, depuis quelques années, les progrès de l'imagerie cérébrale ont permis de se poser de nouveau ces questions, qu'on croyait réglées, sur la forme du cerveau (*figure* 2).

Un exemple ?

Les chauffeurs de taxi sont des génies, des experts, dans un domaine bien particulier : la navigation dans les milliers de rues de leur ville. Des années de formation, des examens difficiles, puis des années et des années de prati-

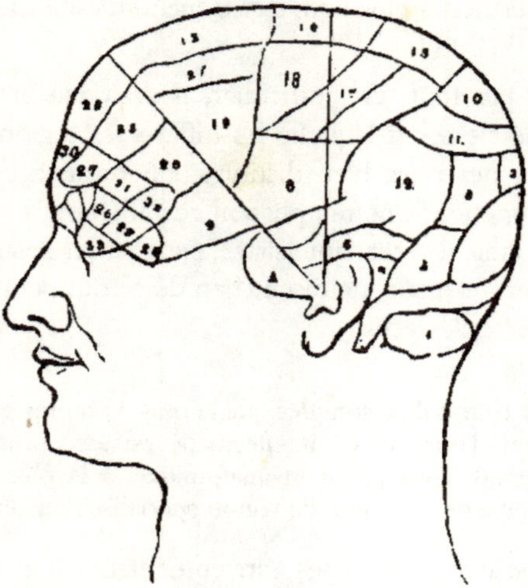

Figure 2 : F.J. Gall a divisé le cortex cérébral en petites cases et a attribué à chacune la responsabilité d'une faculté intellectuelle particulière.

que d'innombrables itinéraires. Il y a quelques années, Eleanor Maguire a fait des images d'IRM du cerveau de seize chauffeurs de taxi londoniens. Elle les a ensuite comparées, avec des moyens informatiques et statistiques nouveaux, à celles de Londoniens qui n'étaient pas chauffeurs de taxi. Il s'est avéré qu'une région du cerveau, qu'on appelle l'hippocampe (plus particulièrement une partie de l'hippocampe), était légèrement plus volumineuse chez les taxis (*figure 3*). Or c'est une région dont on sait, notamment grâce à des études menées chez le rat, qu'elle joue un rôle important dans la navigation spatiale. Les rats ont dans leur hippocampe une petite carte de leur cage et de l'environnement où ils circulent. Sur cette carte, les neurones correspondant à l'endroit où se trouve le rat s'activent, un peu comme vous voyez clignoter sur la carte d'un GPS une marque qui indique l'endroit où vous vous trouvez.

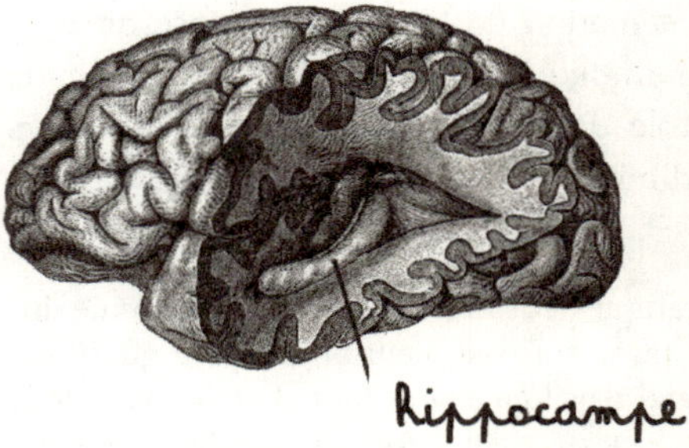

Figure 3 : Les hippocampes, cachés dans les profondeurs du cerveau, sont essentiels pour la mémoire et pour la navigation dans l'espace.

D'accord, mais quelle est la poule et quel est l'œuf ? Est-ce qu'on devient chauffeur de taxi justement parce qu'on a un gros hippocampe et qu'on est doué pour la circulation, ou bien est-ce que c'est la pratique du métier qui fait « gonfler » l'hippocampe ?

C'est probablement cette dernière possibilité, parce que la même étude a montré que plus les chauffeurs de taxi avaient derrière eux une longue carrière, plus leur hippocampe était volumineux, ce qui suggère que c'est la pratique qui entraîne le changement anatomique.

Donc, si je m'entraîne intensément dans un domaine donné, je vais légèrement modifier la forme de mon cerveau ?

Pas beaucoup, mais un peu, pourquoi pas ? Bogdan Draganski a sélectionné des gens qui ne savaient pas jongler et leur a donné trois mois pour s'entraîner intensivement. Il a réalisé des images anatomiques de leur cerveau avant et après l'entraînement, et, en effet, il a observé une petite augmentation de la substance grise du cortex dans des régions impliquées dans la perception du mouvement et le contrôle de l'action. Augmentation d'ailleurs transitoire, qui diminue s'ils arrêtent le jonglage.

Donc, la pratique peut modifier un peu l'anatomie du cerveau. Mais, pour revenir à Gall, peut-on poser la question inverse : un plus grand développement inné de telle ou telle région du cerveau pourrait-il prédisposer à exceller dans tel ou tel domaine ?

Il y a des études très intéressantes qui ont été menées sur le « don des langues ». Prenons un exemple. Dans la langue hindi, il y a deux sortes de sons « d », que les Français ne sont pas bien capables de distinguer l'un de l'autre. Narly Golestani a entraîné des étudiants français à faire cette distinction. Certains ont appris assez facilement, alors que d'autres n'y sont pas arrivés. Elle a comparé le cerveau des élèves doués et celui des « mauvais élèves ». Elle a noté chez les premiers un plus grand développement de régions du cortex auditif de l'hémisphère gauche qui servent à décoder les sons, et notamment les sons du langage.

Comme dans le cas des chauffeurs de taxi, une plus grande compétence s'accompagne donc d'un certain développement anatomique d'une région cérébrale précise ?

Oui, mais il y a une différence essentielle entre ces deux cas. Alors que, chez les chauffeurs, il y avait des raisons de penser que c'était la navigation intensive dans la ville de Londres qui entraînait le développement de l'hippocampe, c'est l'inverse dans le cas de l'apprentissage de l'hindi. Comme la langue hindi était totalement inconnue de tous les sujets de cette étude, les plus doués comme les moins doués, c'est parce que leur cortex temporal est particulièrement développé de façon innée que certains sujets avaient une prédisposition à l'apprentissage des sons d'une langue nouvelle.

Vous avez dit que, quand on apprend à jongler, certaines régions du cortex se développent. Sait-on ce qui s'y passe exactement au niveau microscopique ? De nouveaux neurones poussent ?

On ne sait pas exactement. En tout cas, les neurones ne s'y multiplient pas. En revanche, il y a probablement une augmentation des synapses, c'est-à-dire des connexions entre neurones.

Donc, avec un grain de sel, ces progrès techniques permettent une sorte de retour aux idées de Gall ?

Oui, au moins dans certains cas, des différences de compétence entre individus sont associées non pas à des différences de bosses, certainement pas, mais à de subtiles différences dans l'anatomie du cerveau. Dans nos conversations suivantes, nous allons parler de la musique, un domaine dans lequel les compétences sont très différentes d'un individu à l'autre, et nous allons voir quelles peuvent être les bases cérébrales de ces inégalités.

Assurancetourix et les neurosciences

On dit souvent de quelqu'un qui chante faux qu'il n'a pas « l'oreille musicale ». Il ne nous viendrait pas à l'idée de dire que c'est une maladie. Pourtant, chez certaines personnes, cette lacune est tellement massive que des psychologues et des chercheurs en neurosciences s'y sont intéressés. De quoi s'agit-il ?

Il y a des gens pour qui la musique est totalement incompréhensible. Pour eux, c'est purement et simplement du bruit. Ils sont incapables de distinguer une mélodie d'une autre, de différencier Verdi de Madonna. On dit qu'ils sont « amusiques ». Si je prononce les mots : « Allons enfants de la patrie », ils pourront me dire sans problème que ce sont les paroles de *La Marseillaise*. Mais, si je siffle la mélodie sans les paroles, ils seront incapables de la reconnaître. D'ailleurs, à propos d'hymne national, il semble que Che Guevara était amusique, au point de ne pas reconnaître l'hymne cubain.

Naturellement, nous ne parlons pas de gens qui sont sourds ?

Naturellement. Un sourd a une baisse de l'audition qui touche tous les sons, lesquels sont moins bien perçus. Un amusique a l'ouïe tout à fait fine. Par exemple, il n'a aucun mal à comprendre ce qu'on lui dit, même si on lui parle à voix basse, aucune difficulté à reconnaître la voix de son interlocuteur, etc.

Alors quel est le problème ?

Il semble que leur cerveau ne soit pas capable d'analyser correctement les variations de hauteur du son. Si je vous fais entendre successivement deux sons différents, vous pourrez me dire s'ils montent ou s'ils descendent. Pour les amusiques, il est impossible de répondre à cette question, sauf si l'intervalle de hauteur entre les deux sons est énorme, et encore. De la même manière, si vous remplacez une note, dans une mélodie connue, par une autre complètement fausse, un amusique ne s'en apercevra pas.

Donc, percevoir la hauteur des sons, leur caractère plus ou moins grave ou aigu, pose un gros problème aux amusiques. Mais, dans la musique, il y a aussi le rythme ?

Pour les amusiques, la perception du rythme est moins problématique. Disons que, chez certains, le problème de rythme s'ajoute au problème essentiel des hauteurs. Mais, même chez les gens normaux, le rythme est un indice musical relativement pauvre. Par exemple, si je tape sur la table le rythme de *Au clair de la lune* ou, pire encore, le rythme de *Frère Jacques*, vous n'allez pas reconnaître la chanson, même si elle est très familière.

Donc, ils ne comprennent rien à la musique qu'ils entendent. On s'attendrait à ce qu'en plus ils chantent faux ?

Oui, c'est bien le cas, ils chantent atrocement faux, sans bien sûr s'en rendre compte. Quelqu'un qui chante « normalement faux » respecte le contour général de la mélodie, même si les notes sont légèrement trop aiguës ou trop graves. En revanche, un amusique peut chanter de façon tout à fait chaotique, monter quand il faut descendre et inversement, d'ailleurs sans bien comprendre en quoi cela pose un problème.

Mais beaucoup de gens chantent plutôt faux. Est-ce que les amusiques ne seraient pas juste des gens normaux qui chantent plus faux que la moyenne, sans former une catégorie à part ?

Ce n'est pas vrai qu'il est « normal » de chanter faux. On a demandé à des gens tout-venant, recrutés dans des jardins publics, de chanter une chanson bien connue. Bien sûr, parmi ces chanteurs naïfs, certains chantaient assez faux. Mais on s'est aperçu que ces mauvais chanteurs chantaient non seulement faux, mais aussi trop vite. Et, quand on aidait ces mauvais chanteurs à ne pas trop se presser, à chanter lentement, ils arrivaient alors à chanter tout aussi juste que les autres, et même tout aussi juste que des musiciens professionnels soumis au même test.

Autrement dit, chanter à peu près juste est une faculté humaine normale, comme parler ou marcher sur deux jambes. Et les amusiques ?

Justement, parmi les dizaines de sujets de cette expérience, il s'en est trouvé deux qui continuaient à chanter abominablement faux, malgré l'aide qu'on leur a apportée, même quand ils se forçaient à chanter lentement. C'étaient probablement de vrais amusiques.

Donc, c'est une anomalie qui ne semble pas exceptionnelle. A-t-on une idée de la fréquence de l'amusie ?

C'est difficile à dire, mais des études suggèrent qu'environ 4 % de la population est amusique. Ça semble beaucoup, mais il y a probablement de nombreux cas qui passent inaperçus. Être amusique ne pose pas de problème sérieux dans la vie quotidienne. À condition de ne pas choisir une carrière musicale, tout est possible : Che Guevara, mais aussi le président Théodore Roosevelt, le prix Nobel d'économie Milton Friedman, le capitaine Horatio Hornblower et, bien sûr, Assurancetourix étaient amusiques. Rien n'oblige d'en parler : si vous ne comprenez rien à la musique, vous n'en écoutez pas, mais vous n'avez pas envie de vous distinguer de vos amis en en faisant toute une histoire.

L'amusie est-elle héréditaire ?

Partiellement. Si on étudie les familles d'amusiques, on s'aperçoit qu'on y trouve nettement plus d'autres amusiques que ne le voudrait le hasard. Environ 40 % des proches parents d'amusiques le sont aussi, c'est-à-dire dix fois plus qu'on ne l'attendrait s'il n'y avait pas de prédisposition familiale.

Puisque leurs oreilles fonctionnent bien, c'est dans leur cerveau que se trouve le problème ?

En effet, on pense que l'amusie résulte de troubles subtils du développement cérébral. Des études d'imagerie montrent de petites anomalies anatomiques de l'hémisphère droit, dont on connaît l'importance pour l'analyse des sons et de la musique. Plus précisément, le cortex est anormalement épais dans des régions temporales et frontales de l'hémisphère droit. Nous avons déjà vu qu'un cortex plus épais n'était pas forcément le signe d'un meilleur fonctionnement. En outre, ces régions ne sont pas bien connectées entre elles. Ce sont probablement des anomalies du développement analogues à celles de la dyslexie, mais localisées dans d'autres régions du cerveau, dans l'hémisphère droit plutôt que dans le gauche.

Nous avons donc vu ce que peuvent être, sans offense, des « sous-doués » en musique. Connaît-on, à l'opposé, des prédispositions musicales extraordinaires pour lesquelles les sciences du cerveau aient quelque chose à dire ?

Nous allons discuter de l'oreille absolue, une sorte de don assez remarquable, aux frontières de la perception et de la musique.

L'oreille absolue

Quand vous entendez une note de musique, il est assez facile de reconnaître son timbre : si c'est une note de piano, de violon, de guitare ou d'un autre instrument. En revanche, la plupart des gens ne peuvent pas juger dans l'absolu de la hauteur de la note, dire « c'est un *do*, un *sol* ou un *si* », sauf s'ils ont ce qu'on appelle l'oreille absolue, ce qui concerne à peu près 1 personne sur 10 000.

N'est-ce pas seulement une question d'éducation ? Est-ce que les musiciens professionnels n'ont pas tous l'oreille absolue ?

Un minimum d'éducation musicale est évidemment nécessaire pour qu'on puisse parler d'oreille absolue. Il faut qu'on vous ait appris que telle ou telle hauteur de son correspond à tel ou tel nom de note. Il faut aussi que cet apprentissage ait eu lieu avant l'âge de 10 ans environ. Mais l'éducation ne suffit pas : la preuve en est que les musiciens professionnels n'ont pas plus l'oreille absolue que d'autres. Les musiciens sont très entraînés à reconnaître les intervalles entre deux sons plus ou moins aigus, à dire : « Ces deux sons sont écartés d'une tierce ou d'une quarte. » C'est ce qu'on appelle l'oreille relative. Mais reconnaître qu'un son présenté tout seul correspond à telle ou telle note, sans point de repère, même les vrais musiciens n'en sont en général pas capables.

Ce serait pourtant un plus appréciable pour un musicien.

Non, cela ne sert à peu près à rien pour la pratique musicale. Cela peut même être une gêne. Ce qui définit la mélodie de *Au clair de la lune*, ce n'est pas la hauteur absolue des notes, mais le contour de la mélodie, la hauteur des sons successifs les uns par rapport aux autres. C'est pourquoi vous reconnaissez *Au clair de la lune*, que l'air soit chanté par un baryton ou par une soprano. Mais quelqu'un qui a l'oreille absolue sera gêné pour reconnaître qu'il s'agit du même air dans les deux cas, puisqu'il « entendra » dans un cas « *do do do ré mi*... » et dans l'autre « *sol sol sol la si* ».

Peut-on perdre l'oreille absolue ?

Normalement, c'est un don qu'on conserve toute sa vie, mais qui subit assez souvent une dérive gênante avec les années. Au cours du vieillissement normal de l'audition, il peut se produire un décalage progressif entre les sons et leurs noms : une note auparavant perçue de façon correcte, comme un *sol*, est perçue avec les années comme un *sol* dièse puis comme un *la*... Ça n'a aucune importance en soi, sauf là encore pour un musicien, qui se dira :

« C'est épouvantable, j'essaie de jouer un *sol*, et c'est un *la* qui sort de mon violon »…

Est-ce vraiment un don, ou bien est-ce que ce sont juste des gens qui ont une oreille un peu meilleure que la moyenne ?

C'est vraiment un don. Si vous demandez à un musicien qui n'a pas l'oreille absolue de reconnaître une note isolée, il va essayer de s'en sortir. Il va se dire par exemple : « Je me souviens à peu près de la hauteur du *la* de mon diapason, et cette note est deux tons plus bas, donc ça doit être à peu près un *fa*… » Il répondra mieux qu'au hasard, mais cela restera approximatif et laborieux. Chez quelqu'un qui a l'oreille absolue, cela ne demande absolument aucun effort : le nom de la note lui vient tout de suite à l'esprit en l'entendant.

Et se passe-t-il quelque chose de particulier dans le cerveau de quelqu'un qui a l'oreille absolue, à l'instant où il trouve le nom de la note ?

Oui, 150 millisecondes après l'audition d'une note, on enregistre une onde électrique dans la région temporale gauche seulement chez ceux qui ont l'oreille absolue. Cette région est impliquée à la fois dans l'audition et dans le langage. C'est peut-être la signature de ce lien direct établi entre une note et son nom qui est le propre de l'oreille absolue.

Et l'anatomie du cerveau est-elle particulière chez les gens qui ont l'oreille absolue ?

Chez la plupart des gens, le haut du lobe temporal est un peu plus développé à gauche qu'à droite. Cette asymétrie anatomique est un peu plus importante chez les gens qui ont l'oreille absolue.

Connaît-on l'origine de cette particularité ?

Il n'y a pas de preuve certaine que l'oreille absolue soit génétique, mais c'est probable. Un premier argument pour cela, c'est que, si vous avez l'oreille absolue, il y a d'assez fortes chances que des membres de votre famille proche l'aient aussi. Un autre argument, c'est que l'oreille absolue est plus fréquente dans les populations asiatiques. C'est le cas même chez des Américains dont la famille est d'origine asiatique, ce qui suggère que ce n'est pas lié à la langue qu'ils parlent ni aux méthodes d'éducation. En bref, pour avoir l'oreille absolue, il faut avoir une organisation un peu spéciale du cortex auditif, probablement d'origine génétique, et en plus avoir reçu une éducation musicale dans son enfance, avant l'âge de 10 ans.

Comment sortir de la routine : les lobes frontaux

Au début de cet ouvrage, nous avons comparé la taille et la forme du cerveau des humains et celles du cerveau des animaux. Parmi les différences les plus évidentes, nous avions noté le développement très important chez l'homme de l'avant du cerveau, juste derrière le front.

En effet, la région qu'on appelle « préfrontale » représente chez l'homme pas loin du tiers de l'ensemble du cortex cérébral. Elle représente seulement 12 % chez un grand singe assez proche de nous comme le gorille.

À quoi sert donc ce cortex préfrontal ? Que savons-nous faire de mieux que les gorilles ?

Curieusement, c'est une région qui a été longtemps considérée comme « muette ». En effet, si, à la suite d'un accident, vous avez une lésion préfrontale, vous ne serez pas paralysé, vous ne perdrez pas la parole, vous verrez normalement, etc. Et, pourtant, vous risquez de perdre des aspects extrêmement importants de vos capacités intellectuelles.

Lesquels ?

Comme je vous le disais, il occupe le tiers du cortex cérébral, il ne faut donc pas s'attendre à pouvoir résumer fidèlement en une phrase l'étendue et la variété de ses fonctions. Disons quand même, de façon assez caricaturale, que le cortex préfrontal sert à sortir de notre routine, à échapper à nos réflexes.

On peut prendre un exemple simple ?

Je vais vous montrer un test ingénieux inventé par J. R. Stroop en 1935. Vous voyez le mot ROUGE écrit à l'encre verte, et je vous demande de me donner la couleur de l'encre, et surtout pas de me lire le mot : vous devez répondre « vert » ! On se rend bien compte subjectivement que c'est difficile. On n'a qu'une envie : lire le mot et dire « rouge » (*figure 4*).

Pourquoi est-ce si difficile ?

Justement parce qu'on met en conflit deux actions possibles. Première action possible, lire le mot : vous avez tellement lu de mots dans votre vie que la lecture est devenue complètement automatique, irrépressible. C'est la routine même, un enchaînement de processus qui est complètement câblé dans le cerveau. Seconde action possi-

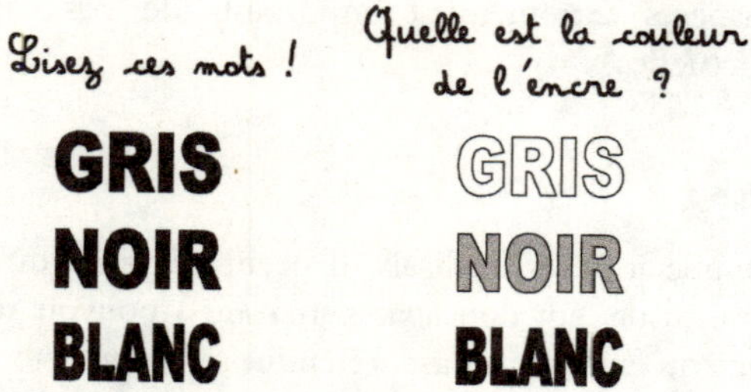

Figure 4 : Une version en noir et blanc du test de Stroop. La tâche de gauche est facile et automatique. La tâche de droite exige un effort et… un cortex préfrontal en bon état.

ble, dire la couleur de l'encre. Ça n'a rien de familier ou d'automatique. On n'est pas obligé, dès qu'on voit un objet, de dire sa couleur, c'est une action possible parmi une multitude d'autres.

Et cet effort pour échapper au réflexe de lecture et pour se forcer à faire ce qui n'est pas automatique met le cortex préfrontal à contribution ?

Exactement. Des patients avec des lésions préfrontales ne peuvent pas s'empêcher de lire le mot ROUGE. Ils seront d'une certaine manière soumis à leurs comportements réflexes sans pouvoir y échapper.

Cette soumission anormale aux réflexes, cette incapacité à mettre en place un comportement nouveau, peut-elle se manifester dans des circonstances moins artificielles que le test de Stroop ?

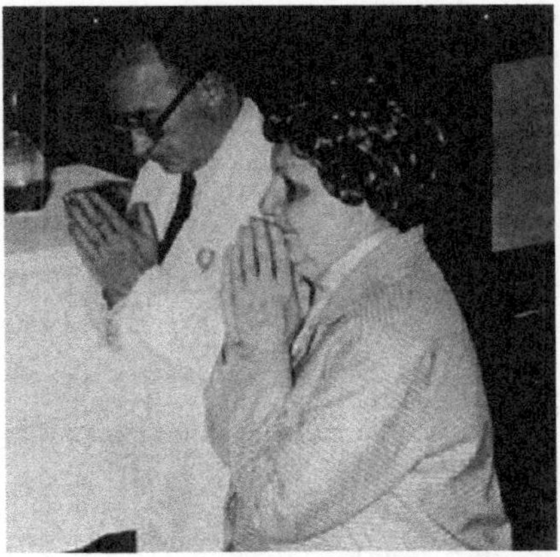

Figure 5 : En plein examen médical, le Pr F. Lhermitte s'agenouille, et une patiente souffrant de lésions de la région préfrontale l'imite aussitôt et se met à prier avec lui.

Feu notre maître François Lhermitte a découvert chez des patients présentant des lésions frontales ce qu'il a appelé des comportements de « dépendance vis-à-vis de l'environnement ». Je vous donne l'exemple d'une patiente que j'ai vue, et qui souffrait d'une maladie dégénérative touchant principalement la région préfrontale. J'ai retiré mes lunettes, les tenant en l'air devant elle, sans rien lui demander de particulier. La patiente les a prises, les a retournées entre ses doigts, puis les a placées sur son nez, par-dessus ses propres lunettes. J'ai alors emprunté les lunettes d'une étudiante qui assistait à l'entretien et, une fois encore, je les ai tenues devant la patiente. Elle s'en est emparée, sans poser de question, et les a placées sur son nez. Elle portait maintenant trois paires de lunettes… Le cortex préfrontal n'était plus là pour inhiber le réflexe d'utilisation des objets. Confronté à un stylo et du papier, un patient va commencer à écrire; face à un verre et une carafe, il va se mettre à boire un ou plusieurs verres d'eau, etc. C'est ce qu'on appelle le « comportement d'utilisation ».

Quel autre genre de libération de réflexes peut-on observer ?

Face à la patiente dont je vous parlais, j'ai placé mes pouces sur mes tempes en agitant les doigts. Elle m'a dévisagé brièvement, puis s'est mise sans hésiter dans la même posture que moi. J'ai alors fermé les poings et frappé de façon répétée mon poing droit avec mon poing gauche. La patiente a fait aussitôt de même, et ainsi de suite. Le comportement de la patiente a été totalement asservi par ce qui se passait autour d'elle : elle a vu un objet, elle s'en est emparée et l'a utilisé, elle a perçu un geste, elle l'a imité (*figure 5*). Le même phénomène existe dans le langage : lorsqu'on leur pose une question, ces patients commencent souvent par répéter (c'est-à-dire imiter) la fin de la question, avant d'y répondre éventuellement : « — Il fait beau aujourd'hui ? — Beau aujourd'hui… Non, il pleut. »

Donc, si votre cortex frontal ne fonctionne plus, d'une part, vous ne pouvez pas échapper à vos automatismes, à vos habitudes les plus routinières et, d'autre part, vous ne pouvez pas inventer d'actions vraiment nouvelles.

Ce sont un peu les deux faces d'une même pièce. Typiquement, un patient « frontal » est soumis à son environnement comme nous l'avons vu, mais par ailleurs il ne fait plus rien de lui-même. Si son conjoint ou quelqu'un d'autre ne le télécommande pas, il peut rester toute la journée face à une télévision éteinte.

Peut-on prendre un exemple plus réaliste que ce qui se passe dans le cabinet de consultation du neurologue ?

Quand vous conduisez une voiture, les automatismes, qui peuvent être très élaborés, vous permettent de réagir de façon appropriée à la plupart des événements, feux rouges ou croisements. Le système visuel, le système auditif, le contrôle des mouvements ont acquis des routines qui leur permettent de se coordonner sans que vous y prêtiez attention. Mais il arrive que la routine ne suffise plus, par exemple en cas de conflit entre deux options contradictoires : vais-je m'arrêter au feu rouge comme je le fais toujours ou bien brûler le feu pour laisser passer l'ambulance du SAMU dont la sirène vient de me faire sursauter ? C'est alors qu'un contrôle, un arbitrage, est nécessaire. Le processus est très complexe : le cortex préfrontal doit détecter le conflit, projeter dans l'avenir les conséquences des différentes options, évaluer leur probabilité de succès, peser leur valeur morale respective et, finalement, orienter les aiguillages cérébraux pour que l'action optimale soit mise en œuvre. Si nécessaire, cette intervention devra inhiber l'exécution de comportements réflexes, comme freiner au feu rouge par exemple.

Le grand développement du cortex préfrontal, et des capacités d'innovation qu'il permet, est le propre de l'espèce humaine. Mais, au-delà de cette « intelligence générale », la faculté qui à première vue est la marque la plus spécifique de l'humanité est évidemment le langage. Je suppose donc qu'il existe dans le cerveau une machinerie du langage propre à l'espèce humaine. C'est le sujet de notre prochaine conversation.

Hémisphère gauche et cerveau fendu

S'il y a une chose que tout le monde sait, c'est que notre cerveau est constitué de deux hémisphères, le gauche et le droit. On lit toutes sortes de choses là-dessus dans les magazines : « Les mystères de l'hémisphère droit », « Êtes-vous hémisphère droit ou hémisphère gauche ? », « Échappez à la tyrannie de votre hémisphère gauche », etc. Y a-t-il quelque chose de vrai là-dedans ?

Vous connaissez la chanson de Charles Trenet *Une noix* (« Qu'est-ce qu'il y a à l'intérieur d'une noix ? »). Si vous ouvrez la tête de quelqu'un, c'est comme si vous ouvriez une noix. Le cerveau a un peu l'aspect d'un cerneau de noix : une sorte de boule un peu fripée, parcourue de plis, mais surtout un objet symétrique. Les deux hémisphères ont en gros la même forme, on reconnaît bien les mêmes sillons principaux parcourant leur surface.

Est-ce qu'il n'y a pas là un paradoxe ? Comment s'est-on aperçu que ces organes apparemment symétriques, l'hémisphère gauche et le droit, ont en réalité des personnalités assez différentes ?

C'est au XIXe siècle qu'on a commencé à tirer au clair les fonctions des différentes parties du cerveau. Un certain Paul Broca a joué un rôle de premier plan dans cette histoire. C'est un des très grands noms de la médecine du XIXe siècle, il a publié des travaux importants dans de nombreux domaines de la médecine et de la chirurgie. Il s'adonnait aussi à l'anthropologie physique, c'est-à-dire l'anatomie comparée des différentes populations humaines. Une question aux frontières de la médecine et de l'anthropologie agite en février 1861 la Société d'anthropologie, dont Broca était le secrétaire : la faculté du langage réside-t-elle dans une région particulière du cerveau ?

Et Broca a apporté des éléments de réponse décisifs à cette question ?

Broca venait d'être nommé chirurgien à l'hospice de Bicêtre. Il eut l'occasion d'observer un patient, M. Leborgne, qui avait passé le plus clair de sa vie à Bicêtre, et dont les paroles se limitaient à « Tan-Tan ». Le reste de ses fonctions intellectuelles paraissait intact. M. Leborgne souffrait d'une infection grave d'une jambe, et c'est pour cela qu'il a été présenté à Broca. Le chirurgien a tout de suite vu que le cas de M. Leborgne était perdu, mais il a aussi vu son intérêt : qu'est-ce qui, dans le cerveau de M. Leborgne, expliquait qu'il ait perdu la parole, et seulement la parole ?

Comme prévu, M. Leborgne est mort dans les 48 heures. Broca a aussitôt examiné son cerveau. Il a trouvé une lésion de l'arrière de la région frontale gauche, zone aujourd'hui encore désignée comme « région de Broca ». Il y trouva la confirmation de l'idée que le langage résidait dans des régions bien définies du cortex cérébral (*figure* 6).

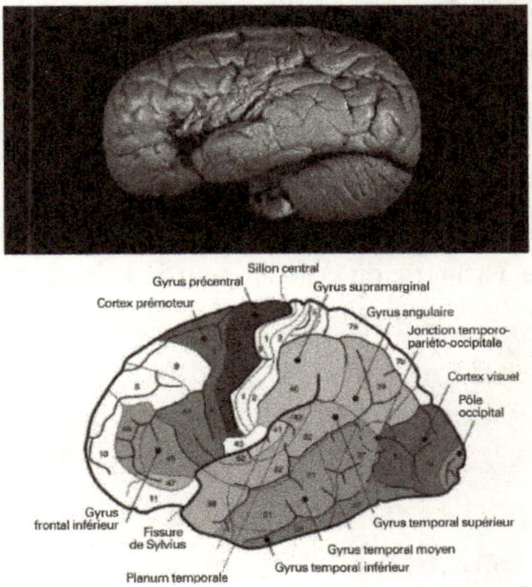

Figure 6 : En haut le cerveau de M. Leborgne, qui présente une lésion de la région de Broca. En bas, les plages grisées représentent les régions de l'hémisphère gauche impliquées dans le langage (Demonet *et al.*, 2004).

Et en particulier de l'hémisphère gauche ?

Oui, mais cela, Broca ne s'y attendait pas du tout ! Et ce n'est pas M. Leborgne qui le lui a appris. Au cours des années suivantes, Broca étudia les cerveaux d'autres patients souffrant de troubles du langage et observa, à sa grande surprise, qu'il s'agissait toujours de lésions de l'hémisphère gauche. Cette observation allait contre les idées de l'époque, pour lesquelles les deux hémisphères devaient être symétriques. On pensait même que toute asymétrie, tout déséquilibre, entre les hémisphères était une cause de maladie.

Mais cette asymétrie du cerveau pour le langage s'est pourtant confirmée ?

En effet, au moins 95 % des droitiers ont le langage à gauche, et c'est d'ailleurs aussi le cas de la plupart des gauchers.

Question naïve : si c'est l'hémisphère gauche qui parle, cela voudrait dire que nous ne savons rien de ce que pense l'hémisphère droit, puisqu'il ne peut rien dire ?

L'hémisphère gauche s'occupe de la mécanique du langage, du choix des mots, de la grammaire des phrases, de la prononciation, mais ce qu'il dit reflète ce que pense l'ensemble du cerveau. En effet, les deux hémisphères sont liés par un énorme faisceau de fibres qu'on appelle le « corps calleux », qui leur permet de collaborer étroitement, de fonctionner comme un tout. On pourrait dire que les deux hémisphères élaborent ensemble les idées que l'hémisphère gauche met ensuite en paroles.

Arrive-t-il que cette collaboration des hémisphères cesse ?

Il arrive (c'est très rare), à la suite d'accidents ou d'interventions chirurgicales qui détruisent le corps calleux, que les deux hémisphères ne puissent plus communiquer entre eux. À partir de ce moment, ce que dit l'hémisphère gauche ne reflète plus que ce qu'il pense, lui, sans tenir compte de l'avis de l'hémisphère droit, dont il est alors séparé.

Comment peut-on s'en apercevoir ?

J'ai examiné un patient qui souffrait d'une tumeur maligne du corps calleux. Je lui ai demandé de fermer les yeux, et j'ai placé dans sa main gauche une brosse à dents, en lui demandant de me dire ce qu'il avait dans la main. Il m'a répondu : « Une clé. » J'ai essayé avec une fourchette, puis avec un peigne, puis avec un crayon. Dans tous les cas, le patient a soigneusement palpé l'objet, puis m'a répondu… « une clé » ! Puis j'ai placé ces mêmes objets dans son autre main, la droite. Cette fois-ci, le patient n'a plus parlé de clé, et m'a donné chaque fois et sans la moindre hésitation le nom exact de l'objet (*figure 7*).

En bref, il n'arrivait pas à donner le nom des objets placés dans sa main gauche, alors qu'il n'avait aucun problème lorsqu'ils se trouvaient dans sa main droite. Quel rapport avec

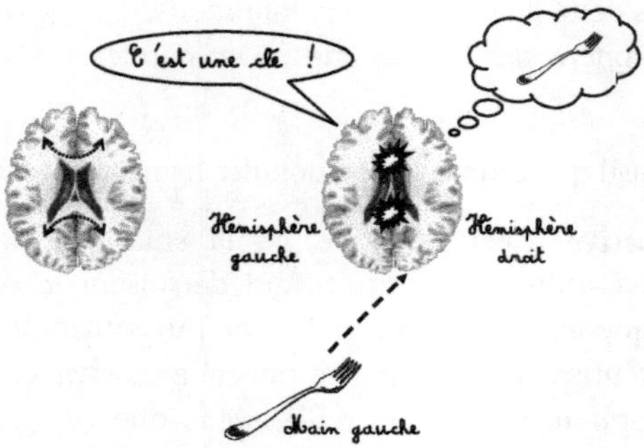

Figure 7 : Le corps calleux fait communiquer les deux hémisphères. S'il est détruit, l'hémisphère gauche, seul doué de la parole, ne peut plus parler de ce que sait l'hémisphère droit.

le fait que l'aire du langage se trouve dans l'hémisphère gauche ?

C'est très simple. Il faut savoir que le système nerveux a une organisation croisée. La main droite est connectée directement à l'hémisphère gauche, et la main gauche à l'hémisphère droit. En outre, les deux hémisphères sont reliés par le corps calleux. Que se passe-t-il si je vous fais subir le même test qu'au patient dont je viens de vous parler ? Quand un crayon est dans votre main gauche, c'est votre hémisphère droit qui le palpe, qui sent sa forme, et qui le reconnaît. Mais quand il s'agit de trouver le nom « crayon », l'hémisphère droit, qui ne sait pas parler, n'est plus du tout à son affaire. Il informe donc l'hémisphère gauche, *via* le corps calleux, du fait qu'il s'agit d'un crayon.

Pour finir, l'hémisphère gauche, qui, lui, sait parler, énonce la réponse : « C'est un crayon ! »

Donc, quand le corps calleux est détruit, l'hémisphère droit ne peut pas faire savoir à l'hémisphère gauche quel est l'objet présent dans la main gauche, si bien que l'hémisphère gauche répond n'importe quoi, par exemple : « C'est une clé. »

Exactement. Inversement, pour donner le nom d'un objet placé dans la main droite, aucun besoin du corps calleux. C'est l'hémisphère gauche qui palpe et reconnaît l'objet, et c'est le même hémisphère gauche qui peut donner la réponse.

Voilà donc une preuve assez directe du fait que c'est l'hémisphère gauche qui parle. Mais, quand les deux hémisphères sont séparés, ne se retrouve-t-on pas avec, d'une certaine manière, deux personnes dans la même tête ?

Il existe un phénomène spectaculaire, au nom barbare d'« apraxie diagonistique », qui correspond à cette sorte de dédoublement de la personne. Comme je viens de le dire, les mouvements de la moitié gauche du corps sont commandés par l'hémisphère droit, et les mouvements de la moitié droite sont commandés par l'hémisphère gauche. Bien sûr, comme pour le langage, les deux hémisphères se mettent normalement d'accord grâce au corps calleux. Quand vous bougez une main, c'est en dernier ressort l'hémisphère opposé qui la fait bouger ; mais, avant que l'ordre de mouvement soit envoyé à la main, les deux hémisphères se sont mis d'accord pour décider de faire ce mouvement.

Donc, si les deux hémisphères sont séparés, on s'attendrait à des actions incohérentes des deux mains.

C'est effectivement ce qui se produit. Par exemple, un patient est en train d'écrire, quand sa main gauche surgit, arrache feuille et stylo, et jette tout par terre. Ou bien une patiente raconte qu'elle lave du linge dans le lavabo quand, soudain, sa main gauche ouvre la bonde. Le lavabo commence alors à se vider. Avec sa main droite, elle le referme, et aussitôt la main gauche l'ouvre à nouveau. Les deux hémisphères, séparés, ne peuvent plus se mettre d'accord et se lancent en même temps dans des actions contradictoires.

Quel rapport avec le fait que le langage provient de l'hémisphère gauche ?

Tous ces patients, qu'on appelle *split-brain*, « cerveau fendu », et qui ont vécu des conflits entre les deux moitiés de leur corps, disent la même chose. Ils accusent toujours leur main gauche : « Ma main droite m'obéit, mais ma main gauche fait n'importe quoi. Elle agit toute seule et ne fait pas ce que je veux. »

Pourquoi est-ce la main gauche qui est toujours accusée ?

Simplement parce que, chez quelqu'un dont les hémisphères sont séparés, ce qui parle, c'est l'hémisphère gauche tout seul. Il dit ce qu'il pense, ce qu'il sait, sans se concerter avec l'hémisphère droit. Donc les actions de la main droite, qui sont pilotées par l'hémisphère gauche, il les reconnaît comme les siennes, comme des actions volontaires : « J'ai bien voulu faire ci ou ça avec ma main droite. » En revanche, les actions de la main gauche ont été décidées par l'hémisphère droit tout seul. Et, pour l'hémisphère gauche, l'hémisphère droit est maintenant « quelqu'un d'autre », il ne sait pas ce qui s'y passe. Il assiste donc de l'extérieur aux actions de la main gauche comme à des actions issues d'une volonté étrangère, capricieuse, incompréhensible, à laquelle il ne participe pas.

Nous n'avons parlé que du langage, mais je suppose qu'il y a d'autres différences entre les hémisphères ?

Oui. Nous avons besoin de l'hémisphère droit pour reconnaître les visages et les voix, apprécier l'intonation d'une phrase, peut-être comprendre les histoires drôles, nous orienter dans l'espace, et d'autres choses encore fort utiles…

Nous venons de voir que l'hémisphère gauche abrite une machine à parler qui n'a pas son égal dans le règne animal. Mais quand et comment nous sommes-nous distingués sur ce point de nos cousins les singes, qui nous ressemblent en bien des points mais qui ne parlent pas ? C'est le sujet de la prochaine conversation.

Pourquoi les chimpanzés ne parlent pas : l'aventure de FOXP2

« Il ne lui manque que la parole. » C'est ce que dit le maître admiratif de son chien ou de son cheval adoré. Et c'est vrai que la faculté la plus évidente qui distingue l'homme de tous les autres animaux, c'est le langage. Cette capacité à parler reflète-t-elle une particularité innée du cerveau humain ?

Sans aucun doute. Ce n'est pas une question d'éducation : si vous essayez d'apprendre un langage humain à un bébé singe, vous n'y arriverez tout simplement pas. Pendant le deuxième tiers du XXe siècle, il y a eu des tentatives héroïques d'élever des grands singes comme des enfants humains, en leur parlant tout autant qu'à des bébés. Le couple Hayes, par exemple, a élevé le chimpanzé Vicky dans son intimité familiale en même temps que son propre bébé. Comme il est devenu évident que les singes étaient incapables d'articuler les sons de la parole humaine, d'autres tentatives se sont portées sur l'acquisition d'un langage gestuel comme celui des sourds-muets, ou sur des techniques de communication fondées sur la manipulation de formes symboliques ou l'emploi de claviers. Mais tout cela ne fait guère de différence. Les petits d'homme, suivant un calendrier qui est le même dans le monde entier, apprennent spontanément des dizaines de milliers de mots et les combinent à plaisir pour construire des phrases à la grammaire compliquée. Chez les singes, rien de tel. Comme ils sont intelligents, ils se prêtent au jeu, apprennent à la longue un certain nombre de symboles. Mais jamais ils n'en arrivent à utiliser spontanément le langage, jamais ils ne combinent les quelques symboles qu'ils connaissent en phrases dignes de ce nom.

Et les perroquets, et les merles qui parlent ? Contrairement aux singes qui ne peuvent pas articuler, les perroquets peuvent produire de la parole humaine clairement prononcée.

Ils ont des capacités remarquables à reproduire les sons de la parole humaine, mais derrière il n'y a rien de comparable aux manipulations mentales qui permettent à un humain de parler. Ça ne signifie pas que les oiseaux ne communiquent pas entre eux. Ils ont leurs systèmes de communication propres, parfois d'une richesse remarquable. D'ailleurs, tout un domaine des neurosciences cognitives porte sur les mécanismes cérébraux de la communication animale, notamment sur les chants d'oiseaux. Ils ont des choses à nous apprendre sur les mécanismes de la communication animale, qui n'a rien à voir avec l'imitation servile de la parole humaine.

Le langage fait donc partie de la nature humaine comme le fait de marcher sur deux pattes. Que s'est-il passé, au cours de l'évolution, qui a modifié notre cerveau de telle sorte que le langage apparaisse ? Qu'est-ce qui a fait que nous avons divergé de nos cousins les singes ? Maintenant qu'on a décodé le génome complet de l'homme et du chimpanzé, qui sont d'ailleurs à plus de 98 % identiques, est-ce qu'on ne peut pas trouver les bases génétiques du langage en allant simplement voir quelles sont les différences génétiques entre homme et singe, les deux cousins dont l'un parle et l'autre non ?

En principe oui, mais c'est en fait extrêmement difficile si l'on procède au hasard. Comment repérer parmi les milliers de différences génétiques celles qui ont un rapport avec le langage parmi toutes celles qui n'ont rien à voir ? Une des stratégies de recherche, face à cette meule de foin génétique, consiste à s'intéresser en priorité aux gènes dont les mutations sont responsables d'anomalies du développement du langage chez l'enfant. L'idée en est que, si un gène est nécessaire au développement du langage, alors il est possible qu'au cours de l'évolution des espèces ses modifications aient contribué à l'apparition du langage.

Quels sont donc les troubles du développement du langage qui peuvent servir dans cette enquête ?

Les anomalies du développement du langage chez l'enfant qui ont reçu le plus d'échos sont probablement la dyslexie et l'autisme. Dans la dyslexie, l'apprentissage du langage parlé est normal, mais les enfants n'arrivent pas à apprendre à lire correctement, malgré leurs efforts et ceux de leur entourage. Dans l'autisme, quelques cas très particuliers mis à part, les défauts de développement du langage sont variés et souvent sévères.

Mais ce que nous cherchons pour l'instant, ce sont des anomalies du langage d'origine génétique. Est-ce le cas de la dyslexie et de l'autisme ?

Oui, il y a une composante génétique importante dans ces troubles du développement. Ce n'est bien sûr pas exclusif. Comme toujours, les aléas accidentels auxquels sont soumis le fœtus et le bébé ont aussi leur importance. Mais, pour nous qui cherchons des « gènes du langage », dyslexie et autisme ne nous avancent pas beaucoup. En effet, le problème est que la composante génétique de ces troubles est extrêmement complexe. De multiples gènes sont impliqués, ils ne sont souvent identifiés que de façon approximative, et il est presque impossible de dire lesquels jouent un rôle critique dans le langage.

Une piste idéale pour comprendre les bases génétiques du langage serait donc de trouver une anomalie de développement du langage qui aurait une origine génétique simple, n'impliquant qu'un seul gène, et qui permettrait directement d'aller ensuite étudier le rôle de ce gène bien précis.

C'est exactement ce qui s'est passé avec le gène FOXP2, dont je vais vous raconter rapidement l'histoire. Tout commence vers 1990. Une famille anglaise connue par ses initiales (KE) a été étudiée par des psychologues du langage parce que, sur trois générations, environ un membre sur deux de la famille avait les plus grandes difficultés à apprendre à parler. Or, quand une anomalie se transmet de cette manière massive, à 50 % des enfants, sans sauter de génération, garçons et filles, les généticiens savent qu'un gène et un seul est sans doute en cause. Avec cette famille, on se trouvait donc dans une situation plus favorable que dans le cas de la dyslexie où, comme je l'ai dit, la génétique implique de nombreux gènes.

Et le gène anormal de la famille KE, l'a-t-on trouvé ?

Oui, mais cela a demandé quelques années d'efforts et un peu de chance. Dans un premier temps, en analysant le génome des membres de la famille KE, les généticiens ont identifié une assez vaste région du chromosome 7 (nous avons tous 23 paires de chromosomes) dans laquelle leur proie devait se trouver, bien cachée parmi d'autres gènes. La chance est alors intervenue sous la forme d'un patient qui présentait les mêmes difficultés de langage que les membres atteints de la famille KE. Toutefois chez ce patient, il ne s'agissait pas d'une anomalie héritée de ses parents, mais d'une brisure du chromosome 7 survenue « accidentellement ». En 2001, l'emplacement précis de cette brisure a été identifié, en plein milieu de la région suspectée dans la famille KE. Le gène, baptisé FOXP2, était démasqué. Dans la famille KE, ce gène portait une minuscule mutation, une anomalie transmise de génération en génération, qui suffisait à l'empêcher de remplir son rôle.

Au terme de cette enquête, avait-on identifié le gène du langage ?

Ce serait hélas beaucoup trop simple ! Au début des années 1990, quand la famille KE a été identifiée, certains chercheurs ont cru que leur seul et unique problème concernait la grammaire dans son sens le plus élaboré, notamment la capacité à combiner les mots pour en faire des phrases, à conjuguer les verbes, accorder les noms, etc. Considérant que la grammaire était la marque vraiment spécifique du langage humain, ils ont suggéré qu'on avait pour ainsi dire trouvé le gène du langage.

Une idée qui s'est révélée fausse ?

Oui, fausse à force de simplifications abusives. Première simplification, les sujets atteints dans la famille KE n'ont pas de problème qu'avec la grammaire, loin s'en faut. Ils ont aussi du mal à contrôler tous les mouvements fins du bas du visage, notamment à articuler, au point que leur parole est souvent presque incompréhensible. En outre, leur QI est souvent un peu bas, indice de quelques difficultés intellectuelles dans d'autres domaines. Donc FOXP2 n'intervient pas seulement dans la mise en place du langage.

Et sait-on plus précisément ce qui fonctionne de façon anormale dans le cerveau des patients de la famille KE ?

Des expériences d'imagerie cérébrale ont comparé, au sein de la famille KE, les membres atteints et les membres bien portants. Un ensemble de régions cérébrales présentent une anatomie légèrement anormale, mais aussi un fonctionnement un peu anormal chez les premiers. Ces régions anormales recoupent celles dont on sait qu'elles sont impliquées dans le langage, comme la région de Broca, mais aussi d'autres, impliquées plutôt dans le contrôle des mouvements précis, dans le cervelet par exemple.

Donc, la mutation de FOXP2 donne des anomalies du langage et du contrôle des mouvements fins, reposant sur des anomalies anatomiques et fonctionnelles dans les régions cérébrales correspondantes. Sait-on comment ce gène intervient dans la mise en place de ces systèmes cérébraux ?

Comme tous les gènes, FOXP2 n'est autre que la recette de fabrication d'une protéine. Mais c'est ce qu'on appelle un gène régulateur, parce que la protéine dont il permet la fabrication va elle-même se fixer sur d'autres gènes, dont elle favorise ou bien empêche le fonctionnement. FOXP2 joue donc un rôle de chef d'orchestre, il module toute une cascade d'autres gènes qui interviennent dans le développement et la plasticité du cerveau.

Maintenant que nous avons identifié un gène impliqué dans le langage, revenons à notre question de départ sur les différences entre hommes et animaux. FOXP2 est-il le même chez l'homme et chez le singe ?

Ce gène FOXP2 n'est pas du tout spécifique à l'être humain. C'est un gène dont on dit qu'il est « très conservé », parce qu'il existe sous une forme presque identique chez tous les vertébrés. La protéine codée par FOXP2 est formée de 715 acides aminés (les briques moléculaires de toutes les protéines). La protéine humaine ne diffère de celle de la souris que par trois petits acides aminés sur les 715. Cela représente peu de changements au cours des 75 millions d'années écoulées depuis la séparation de la lignée des souris de celle des hommes (*figure 8*).

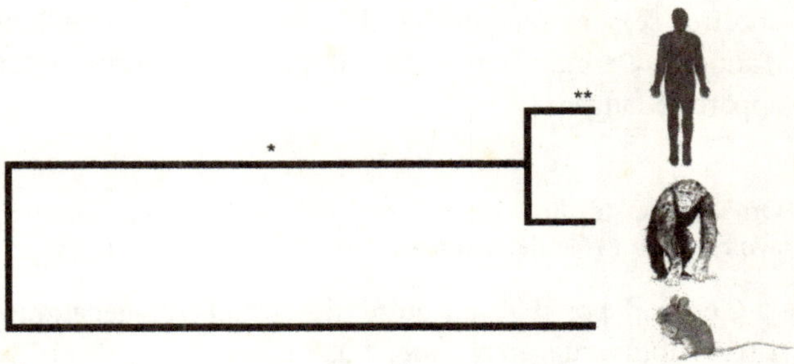

Figure 8 : Notre gène FOXP2 est presque identique à celui des autres mammifères. Les deux changements qui le distinguent de celui du chimpanzé se sont produits il y a environ 100 000 ans et pourraient avoir permis l'émergence du langage.

Je suppose que, chez la souris, une mutation de ce gène n'entraîne pas de difficultés de parole…

Vous ne croyez pas si bien dire. On a montré récemment que des souriceaux nouveau-nés dont le gène FOXP2 a été mis hors service poussent moins de cris ultrasoniques adressés à leur mère que des souriceaux normaux. Mais il faut rester très prudent sur des parallèles avec les troubles du langage dans l'espèce humaine.

Et qu'en est-il des singes qui sont beaucoup plus proches de nous, mais ne savent pas parler ?

Notre FOXP2 diffère de celui du chimpanzé par deux acides aminés. Il y a là deux choses très intéressantes que nous apprend la génétique moléculaire. Premièrement, ces deux petits changements sont très récents à l'échelle de l'évolution. Ils datent d'environ 100 000 ans, alors que nos ancêtres se sont séparés des chimpanzés il y a 6 millions d'années. Or c'est à peu près il y a 100 000 ans qu'est apparu le langage.

On a envie de dire que ce changement de FOXP2 pourrait avoir joué un rôle déterminant dans l'émergence du langage…

C'est fort possible. En outre, des arguments génétiques assez subtils suggèrent que, quand ces changements se sont produits, ils se sont diffusés très rapidement dans toute la population. Cela suggère que, parmi nos ancêtres, ceux qui par hasard portaient la nouvelle forme « humaine » de FOXP2 présentaient un avantage sélectif, s'en sortaient mieux dans la vie que leurs congénères qui avaient encore un « FOXP2 de singe ». Nous n'étions pas là pour le voir, mais peut-être que cet avantage était justement de disposer d'un langage évolué.

Donc, en trouvant le gène FOXP2, ce n'est pas LE gène du langage qu'on a trouvé, mais tout de même une pièce du puzzle ?

Oui. En résumé, FOXP2 est un gène très ancien, qui joue depuis la nuit des temps un rôle dans la mise en place des systèmes qui contrôlent notamment les mouvements. Il y a environ 100 000 ans, ce gène a un peu changé, et ce petit changement, combiné, d'une manière que nous ne comprenons pas encore, avec les effets de très nombreux autres gènes qui organisent le cerveau, a permis l'apparition du langage au sens moderne. Donc, même si le langage humain représente une nouveauté radicale dans la nature, cette nouveauté émerge d'une combinaison de modifications minimes de systèmes beaucoup plus anciens.

Les bébés parleurs

Nous avons parlé de l'émergence du langage humain au cours de l'évolution des espèces, un beau jour il y a 100 000 ans. Mais comment un bébé qui vient au monde avec ce potentiel de langage va-t-il effectivement apprendre à parler ? Tous ceux qui ont des enfants ont eu la chance d'assister à cette aventure, qui a l'air d'un véritable miracle.

Ça peut en effet paraître miraculeux de voir la transformation d'un bébé qui, à 6 mois, ne fait que babiller en enfant qui, à 3 ans, parle presque comme un adulte, fait des phrases compliquées et connaît des milliers de mots. Et sans effort apparent, sans prendre aucune leçon. Il suffit qu'un enfant soit plongé dans un environnement de parole pour que tout se passe bien. Plus tard, pour apprendre une deuxième langue à l'école, les choses seront bien différentes : un enseignement laborieux pour élèves et professeurs, des heures de concentration, pour un résultat souvent médiocre.

Dans le langage, il y a la capacité de parler, facile à observer, mais aussi la capacité de comprendre. Sait-on ce qui se passe

dans la tête de bébés qui ne disent encore rien ? Comprennent-ils mieux qu'ils n'en ont l'air ?

Oui, la compréhension est toujours en avance sur la production de la parole. Les bébés sont capables de reconnaître les sons et les syllabes de leur langue maternelle bien avant de pouvoir les articuler. Ils repèrent des mots avant de les produire.

Et comment peut-on savoir ce que comprend un tout petit bébé qui ne sait pas encore parler ?

Ça demande une certaine ingéniosité. Par exemple, dès leur naissance, les bébés sont capables de faire la différence entre les syllabes BA et PA. Comment peut-on le savoir, puisque le nouveau-né ne peut rien dire ? Une des techniques s'appuie sur le fait que les bébés aiment la nouveauté. On fait donc entendre au bébé une série de syllabes répétées « PA PA PA PA… ». Au début, le bébé trouve ça intéressant, il est stimulé, ce qu'il exprime en tétant énergiquement. Naturellement, la tétine est branchée sur un ordinateur qui enregistre et mesure la tétée. Puis, au bout d'un petit moment, le bébé se lasse, et tète de moins en moins. À ce moment, on remplace les « PA » par des « BA ». Aussitôt, on s'aperçoit que la tétée redémarre en flèche, ce qui veut dire que l'intérêt du bébé a été relancé. Les bébés ont bien perçu le changement de syllabe, et peuvent donc repérer la différence entre les sons « PA » et « BA ».

Sait-on comment s'effectue ce développement spectaculaire du langage ?

C'est très compliqué et pas encore bien connu. D'ailleurs, on est extrêmement loin de construire des machines capables d'en faire autant. Donnons quelques pistes. Comme on l'a vu, presque dès la naissance les nourrissons sont capables de distinguer des syllabes très ressemblantes. Mais toutes sortes d'animaux sont capables de le faire, des singes aux cochons d'Inde, en passant par les chinchillas. En revanche, entre 6 et 12 mois, il se passe quelque chose de très important, qui va au-delà des capacités de perception communes avec les animaux. Pendant cette période, les bébés incorporent leur langue maternelle, commencent à apprendre la langue dans laquelle ils sont plongés.

On peut prendre un exemple concret ?

En français, R et L sont considérés comme des sons différents : loup et roux, gras et glas, sont bien des mots différents. Ce n'est pas le cas en japonais, ou la distinction entre R et L n'est purement et simplement pas utilisée. D'ailleurs, sauf entraînement particulier, les adultes japonais sont incapables de distinguer à l'oreille les sons R et L. Revenons aux bébés. À 6 mois, les bébés japonais, comme n'importe quels autres bébés, sont parfaitement capables de distinguer R et L. Mais, à 12 mois, ils ont perdu la capacité de faire cette distinction, parce qu'elle ne sert à rien en japonais. Les bébés français, eux, continuent à la faire, parce qu'elle sert dans leur langue. Autrement dit, les bébés ont à la naissance des capacités de langage universelles et, dès les premiers mois, leur cerveau se règle pour maîtriser la langue spécifique dans laquelle ils sont élevés.

Il s'agit là d'un aspect très basique du langage, distinguer lou et rou, mais il y a des choses qui ont l'air bien plus compliquées : apprendre des dizaines de milliers de mots, apprendre à conjuguer les verbes, à construire des phrases compliquées...

Bien sûr, mais ce qui se passe pendant les tout premiers mois est très important, puisque ce sont les bases sur lesquelles le reste va se construire. Ainsi, on a testé des bébés de 6 mois sur leur capacité à distinguer des sons simples comme « BA » et « PA ». Et l'on a retesté les mêmes enfants un an et demi plus tard, donc à l'âge de 2 ans. Mais, cette fois, sur des compétences beaucoup plus élaborées : posséder un vocabulaire étendu, comprendre des phrases compliquées, etc. Le résultat important est que les enfants qui, à 6 mois, sont les meilleurs pour distinguer les sons de leur langue maternelle sont ceux qui auront le langage le plus développé à 2 ans. Ces capacités précoces à bien analyser les sons prédisent donc la qualité qu'aura le langage beaucoup plus tard !

Avançons un peu au-delà des premiers mois. Après avoir appris à repérer les sons de la parole, les bébés doivent apprendre à reconnaître les mots. Comment font-ils ?

Ce problème est encore plus difficile que vous ne l'imaginez... En effet, dans la parole, ce n'est pas du tout comme dans un texte écrit, où les mots sont séparés par du blanc. Dans une phrase, les mots parlés ne sont pas séparés par du silence, ils sont complètement accolés les uns aux autres. On pourrait croire que les adultes, quand ils parlent aux enfants, font un effort pour séparer les mots. En fait, ce n'est pas le cas, puisque moins de 7 % des mots adressés aux petits enfants sont prononcés sans être accolés à d'autres mots.

Alors comment fait un bébé pour découper en mots les phrases qu'il entend ?

Il y a dans la parole plusieurs indices assez subtils des frontières entre les mots, indices dont le bébé doit profiter. D'abord, il fait des statistiques sur les milliers de mots qu'il entend toute la journée. Par exemple, s'il entend que les trois syllabes PAN-TA-LON apparaissent souvent ensemble, il va se dire que PANTALON est probablement un mot. Comme il n'entend jamais les syllabes TA-GA-LU à la suite, il ne va pas s'imaginer que TAGALU est un mot. De telles capacités d'analyse statistique remarquables ont été démontrées chez des bébés âgés de 8 mois seulement. À cet âge, ils ne disent encore rien, mais, dans leur tête, l'apprentissage du langage est en plein chantier.

Y a-t-il d'autres indices dont le bébé puisse se servir pour découper la parole en mots ?

En français, la plupart des mots sont accentués sur leur dernière syllabe. Par exemple dans « garage », « RAGE » est prononcé plus fort que « ga ». Le bébé, quand il entend une syllabe accentuée, se dit « attention, un mot se termine et le suivant va commencer ».

Et toutes ces savantes déductions se font spontanément, sans que le bébé ait besoin de leçon ? Il fait ça tout seul dans son coin ?

En effet, il n'a pas besoin de leçons au sens scolaire, mais l'interaction avec d'autres êtres humains est tout de même très importante. Par exemple, on a essayé d'entraîner des bébés américains à distinguer des sons de la langue chinoise. Une première manière de faire était de les mettre face à une dame qui leur lisait une histoire en chinois, leur montrait des objets en leur donnant le nom en chinois, etc. Après quelques séances, les bébés ont fait de grands progrès pour distinguer entre eux des sons chinois. En revanche, si on met les bébés devant un écran de télé où ils voient un film de la dame chinoise, qui leur dit exactement la même chose, mais sans être physiquement présente, sans réellement interagir avec eux, alors les bébés n'apprennent rien du tout.

Donc, les petites discussions entre un bébé qui ne sait pas encore parler et ses parents sont utiles pour l'apprentissage du langage, en plus d'être adorables ?

Sans doute ! On a par exemple demandé à un groupe de mamans de réagir immédiatement au babillage de leurs bébés en leur souriant et en les touchant. On a demandé à un autre groupe de mamans de sourire et de toucher leurs bébés, mais de façon complètement décalée par rapport au babillage, donc sans qu'il n'y ait aucun lien de cause à effet entre babillage et signes d'amour. Le résultat est que les bébés dont le babillage était immédiatement récompensé par les sourires de leur mère se sont rapidement mis à babiller plus et mieux que leurs congénères.

Le langage étant un système de communication entre individus, on comprend que, lorsqu'il est apparu au cours de l'évolution de l'espèce humaine, il s'est appuyé sur le fait que, comme chez les singes, c'est dans les relations entre congénères, et particulièrement avec les parents, que le langage intervient.

En effet. Et la situation est très comparable chez certains oiseaux, dont les chants sont importants pour les relations sociales, et qui doivent les apprendre au contact de leurs congénères. Ces oiseaux apprennent beaucoup mieux quand ils sont face à un vrai oiseau-professeur que lorsqu'on leur fait entendre des chants enregistrés sur une bande magnétique.

Revenons un moment au cerveau. Nous avons vu que le bébé de moins de 1 an, qui ne parle encore pour ainsi dire pas, est en train d'apprendre activement sa langue maternelle. On s'attend donc à ce que, dans son cerveau, le système du langage soit déjà très actif, peut-être même dès la naissance. Est-ce le cas ?

Au cours des dernières années, les principales techniques d'imagerie fonctionnelle cérébrale ont été adaptées au tout petit bébé, dès les premiers mois de sa vie. Je vous rappelle que ces techniques permettent de voir les différentes régions du cerveau s'activer, pendant même que ce cerveau fonctionne. L'IRM, la magnéto et l'éléctro-encéphalographie, ces méthodes et quelques autres ont chacune leurs avantages et leurs limites, et elles sont toutes parfaitement inoffensives. Prenons un seul exemple, assez frappant parce qu'il s'agit de bébés de 3 mois seulement, donc très jeunes, et de la manière dont ils analysent des phrases entières, ce qui implique donc des aspects élaborés du langage. On a fait entendre à ces bébés de courtes phrases, à raison d'une toutes les 14 secondes. Parfois, la même phrase était répétée deux fois de suite. Un des résultats de cette étude, qui a utilisé l'IRM fonctionnelle, c'est que, quand le bébé entend une phrase répétée deux fois de suite, sa région de Broca s'active plus fortement que quand il entend deux phrases différentes. Je vous rappelle que nous parlons maintenant de bébés minuscules, qui ne parlent évidemment pas : ce que nous sommes en train de voir, ce sont les soubassements de l'édifice du langage, qui se mettent discrètement en place dans le cerveau. Cette étude montre que le cerveau d'un bébé aussi petit peut mémoriser une phrase pendant une durée assez longue, et que pour ce faire il emploie déjà les mêmes régions que celles avec lesquelles il parlera quand il sera adulte.

Le cerveau lecteur

Nous venons de voir que le langage parlé est un peu comme la marche. Tous les petits de l'espèce humaine commencent à parler sans suivre de cours de grammaire et sans apprendre par cœur des listes de vocabulaire, comme ils apprennent à marcher sans prendre des cours de maintien ou d'équilibre. Par contre, un petit chimpanzé, même élevé par une famille humaine, n'apprendra jamais à parler. Le langage fait partie des caractéristiques biologiques innées de notre espèce, il se développe de lui-même chez l'enfant, pour peu que celui-ci ait un fonctionnement cérébral normal et un environnement de gens qui parlent. Lire et écrire, en revanche, ça ne vient pas tout seul. Il faut aller à l'école et se donner du mal… Quelle est la différence fondamentale entre ces deux apprentissages ?

L'écriture a été inventée il y a un peu plus de cinq mille ans, en Mésopotamie, en Égypte et en Chine. Cela peut paraître ancien, mais, à l'échelle de l'évolution biologique, c'est extrêmement récent. Il faut bien comprendre qu'à la naissance notre cerveau est exactement le même que celui de nos ancêtres d'il y a 20 000 ans, qui eux ne savaient pas lire. Autrement dit, les bébés ne viennent pas au monde avec, dans leur cerveau, un système spécialisé pour la lecture comme ils viennent au monde avec un système pour parler. Par conséquent, quand nous apprenons à lire, nous devons « bricoler » un vieux cerveau qui n'est pas fait pour ça, utiliser des systèmes cérébraux plus anciens, des systèmes qui servent au départ à autre chose, et les adapter à ce savoir-faire nouveau qu'est la lecture.

Et sait-on quels sont ces anciens systèmes que nous devons bricoler pour apprendre à lire ?

Il y en a deux : le système visuel et, bien sûr, le système du langage. Pourquoi le système visuel ? Nous avons hérité de nos ancêtres animaux un système visuel sophistiqué. Pas seulement les yeux, mais toute la machinerie cérébrale qui est derrière. Elle sert à reconnaître les objets alentour, une table, une chaise, un visage, et à nous dire où ils se trouvent dans l'espace. Or, quand nous lisons une page de journal, nous devons reconnaître des objets un peu particuliers, les lettres et les mots, et percevoir comment ils sont placés les uns par rapport aux autres sur la page. Donc, quand ils apprennent à lire, les enfants entraînent leur système visuel à reconnaître très rapidement et très efficacement ces objets spéciaux que sont les lettres. Un enfant qui commence à lire doit déchiffrer les mots lettre par lettre, il lui faut donc d'autant plus de temps que le mot est plus long. Ensuite, on apprend progressivement à reconnaître toutes les lettres d'un mot en même temps. Finalement, quand le regard d'un adulte comme vous ou moi se porte sur un mot, il en reconnaît simultanément toutes les lettres, si bien qu'il ne prendra pas plus de temps pour lire un mot long comme CARAMEL qu'un mot court comme CAFÉ.

Sait-on quelles sont les régions du cerveau sur lesquelles repose cette remarquable expertise ?

L'expertise visuelle qui permet de reconnaître d'un coup d'œil un mot de dix lettres, qu'il soit écrit en majuscules ou en minuscules, à la main ou imprimé, repose sur une petite région du cortex bien définie, placée au même endroit chez tout le monde, sur la face inférieure du lobe temporal de l'hémisphère gauche. Ce n'est évidemment pas un hasard si cette région est placée là. Elle appartient à la vaste zone du

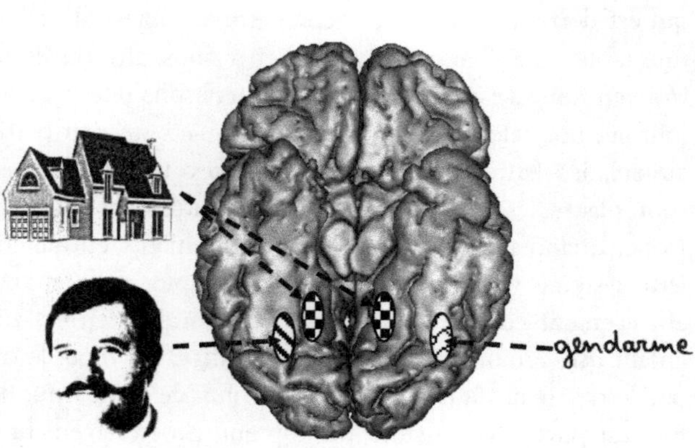

Figure 9 : Vue du dessous du cerveau de l'auteur, avec la localisation approximative de régions spécialisées dans la reconnaissance des visages, des lieux et des mots écrits. La destruction de cette dernière entraînerait la perte de la capacité de lecture.

cortex qui sert à reconnaître d'une façon générale les objets que nous voyons autour de nous (*figure* 9).

Et comment a-t-on découvert l'importance de cette région pour la lecture ?

Cela remonte, comme beaucoup de découvertes sur le cerveau, à la fin du XIXe siècle. Un fameux neurologue, Jules Joseph Déjerine, a décrit un patient, commerçant en tissus, qui s'est réveillé un matin incapable de lire la moindre lettre, *a fortiori* le moindre mot. C'était l'unique manifestation d'un petit accident vasculaire cérébral. C'est assez difficile à imaginer, mais ce patient voyait clairement les lettres, pouvait en décrire la forme, mais ne pouvait absolument pas les reconnaître, comme s'il s'agissait d'un alphabet inconnu. Par contre, il reconnaissait parfaitement les visages, les objets, les lieux, etc. Tous les aspects de son langage étaient intacts hormis la lecture. Il parlait, comprenait et même écrivait tout à fait normalement. Il avait uniquement perdu son expertise visuelle de la reconnaissance des lettres, laborieusement acquise à l'école.

À l'époque, il n'y avait ni scanner ni IRM. Comment Déjerine a-t-il identifié la cause de cette perte de la lecture ?

Il a simplement attendu la mort de ce patient, quelques années plus tard, d'un second accident vasculaire. Il l'a autopsié et a rattaché la perte de la lecture à la destruction de la région située sous le lobe temporal gauche par l'accident vasculaire. Ce patient n'a en fait rien d'unique, ce genre de problèmes touche malheureusement assez souvent les gens qui souffrent de lésions de cette région, quoique d'habitude le trouble de la lecture soit moins sévère.

Donc, ce trouble de la lecture, cette alexie, montre de façon spectaculaire l'importance du système visuel dans la lecture. Mais vous disiez que la maîtrise de la lecture repose sur un bricolage de la vision et du langage. Qu'en est-il du langage ?

Pour lire un mot, il ne suffit pas de reconnaître les lettres comme le fait le système visuel. Les choses intéressantes viennent après : une fois les lettres reconnues, on accède à tout ce qu'on sait sur le mot, sa signification, sa prononciation, etc. Tout cela, ce n'est plus du domaine de la vision, les régions cérébrales qui s'en occupent sont celles du langage, elle ne se trouvent plus sur la face inférieure du cerveau, mais sur le côté de l'hémisphère gauche.

Et des lésions des régions du langage peuvent créer des problèmes de lecture ?

Oui, bien sûr, mais ce ne sont pas les mêmes que ceux dont nous avons parlé tout à l'heure à propos du patient de Déjerine. Par exemple, certains patients sont incapables de faire correspondre des sons aux lettres qu'ils voient. Si je leur demande de lire un mot que je viens d'inventer, et qu'ils n'ont jamais vu, comme CLIDOUFA, ils en seront complètement incapables. Ils reconnaissent les lettres, mais ils ne savent plus les règles qui les font correspondre à des sons bien déterminés. D'autres patients ont le problème opposé : ils savent parfaitement faire correspondre les sons aux lettres, mais en revanche ils ont oublié tout ce qu'ils savaient sur les vrais mots, notamment leur prononciation. Si je leur montre un mot comme OIGNON, ils diront : « Je suppose que ça se prononce OUANION, mais ça ne me dit vraiment rien. »

Ce dont la plupart des gens ont entendu parler à propos des troubles de la lecture, ce n'est pas tellement de ceux qui font suite à des accidents cérébraux chez l'adulte, mais plutôt de la dyslexie, qui touche environ 5 % des enfants. Quel rapport avec le système que nous venons de décrire ?

Les enfants dyslexiques ont de grosses difficultés à apprendre à lire, alors qu'ils voient et qu'ils entendent normalement, qu'ils ne présentent pas de retard intellectuel, qu'ils vont à l'école et ne sont ni déprimés ni maltraités. C'est un trouble sélectif de l'apprentissage qui est maintenant reconnu comme tel. Beaucoup de recherches en neurosciences portent sur les anomalies de fonctionnement cérébral qui l'expliquent. Ces anomalies touchent le réseau que je viens de décrire, d'une manière qui peut différer d'un enfant à l'autre. Une des explications les plus en vogue invoque un problème de décodage auditif des mots que ces enfants entendent. Ils auraient du mal à isoler les uns des autres les sons qui composent un mot, et donc à apprendre à associer ces sons élémentaires à des lettres. Quoi qu'il en soit, il faut les repérer sans perdre de temps pour qu'un orthophoniste les aide à compenser ces difficultés.

Revenons à notre point de départ. Quand un enfant apprend à lire, il modifie progressivement le fonctionnement de son système visuel et de son langage pour les adapter à cette invention culturelle récente et remarquable qu'est la lecture, et cela ne se fait pas sans effort. Je suppose que ce principe s'applique à d'autres apprentissages scolaires ?

Naturellement, et nous allons prendre tout de suite un autre exemple : les mathématiques.

Le calcul mental, du pigeon à Einstein

On envoie les enfants à l'école pour apprendre à lire, à écrire et à compter. Et, dès ce moment, les pauvres élèves vont apprendre un peu de maths, au prix de longues années d'efforts qui ne seront pas toujours couronnées de succès. Est-ce que cela signifie que notre cerveau n'est vraiment pas fait pour ça ?

Non, en réalité nous avons une prédisposition à jouer avec les nombres, que nous partageons d'ailleurs avec nos ancêtres et cousins animaux.

Comment sait-on que les animaux savent calculer ?

Au laboratoire, on peut faire comprendre à des pigeons qu'ils doivent taper sur un bouton avec leur bec, par exemple 12 fois, s'ils veulent recevoir des graines. Et ils apprennent très bien à taper environ 12 fois. Souvent ils se trompent un peu, en plus ou en moins, comme s'ils codaient le nombre de façon approximative. On peut obtenir des résultats du même genre avec des rats, des singes, et même avec des dauphins et des salamandres. Ce sont apparemment des compétences très répandues (*figure 10*).

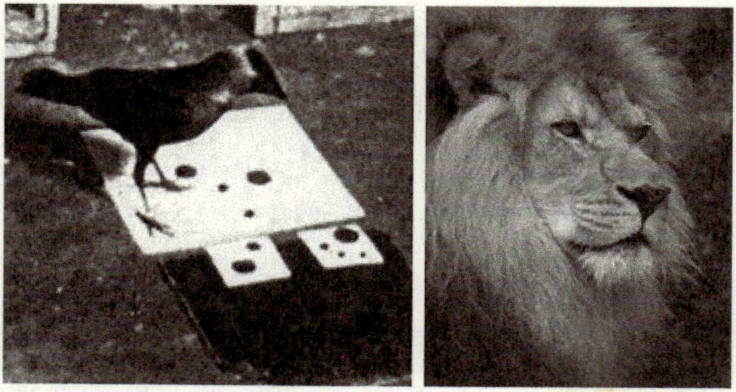

Figure 10 : La plupart des animaux sont capables de manipuler mentalement les quantités, au moins de façon approximative, depuis l'oiseau enfermé dans un laboratoire de psychologie jusqu'au lion en liberté dans la savane.

Dans le monde sauvage, à quoi servent aux animaux ces capacités numériques ?

Savoir apprécier les nombres peut être utile dans de multiples circonstances. C'est par exemple avantageux de pouvoir choisir l'arbre où il y a le plus de fruits. C'est aussi très important dans le domaine social. Par exemple, on sait que, lorsqu'une troupe de chimpanzés en rencontre une autre, les chimpanzés apprécient le rapport de forces avant de décider quoi faire. Si les adversaires potentiels sont plus d'une fois et demie plus nombreux qu'eux, nos chimpanzés tournent prudemment les talons pour éviter l'affrontement.

De la même manière, Karen McComb a dissimulé dans la savane un haut parleur, qui diffusait les rugissements de troupes de lionnes plus ou moins nombreuses. Elle a alors étudié le comportement des troupes de lionnes qui passaient par là. Comme dans le cas des chimpanzés, les lionnes s'approchaient ou s'éloignaient de la région du haut-parleur en fonction du rapport de forces supposé, tenant compte du nombre de lionnes dans leur propre troupe et du nombre de lionnes rugissant dans le haut-parleur.

Si ces capacités à utiliser les nombres sont si anciennement implantées dans l'organisation de notre cerveau, on pourrait imaginer que les enfants sachent calculer sans avoir besoin d'aller à l'école, un peu comme les animaux ?

C'est exactement le cas. Mais comment peut-on étudier les capacités arithmétiques d'un bébé qui ne sait même pas parler ? Un exemple : on montre à un bébé un écran avec 8 points, puis un autre avec 8 points, et ainsi de suite. Quand le bébé s'y est habitué et que ces écrans ne l'intéressent plus beaucoup, on lui montre soit encore un écran de 8 points, soit un écran avec 16 points. On mesure alors lequel des deux écrans il préfère regarder. Comme nous l'avons déjà vu, les bébés aiment bien ce qui est nouveau. Si donc il préfère regarder 16 points plutôt que 8, cela voudra bien dire qu'il est capable de distinguer le nombre 8 du nombre 16, de voir que ce n'est pas la même quantité. Ce genre d'expérience permet de dire par exemple qu'à l'âge de 6 mois les bébés distinguent 8 de 16, mais non 8 de 12. 8 et 12 ne sont pas assez différents pour la représentation approximative des quantités qu'ont les bébés à cet âge.

Et les bébés peuvent faire des calculs plus compliqués qu'une simple comparaison de quantités ?

Ils peuvent faire un tout petit peu d'arithmétique… On montre à des bébés une scène de guignol, avec un petit Mickey. Puis on cache la scène avec un rideau. Pendant que la scène est cachée, l'expérimentateur prend un second Mickey et le place derrière le rideau, en montrant bien au bébé ce qu'il est en train de faire. Alors, le rideau se lève, et deux choses peuvent se passer. Soit on voit, comme on s'y attend, deux Mickey sur la scène, soit, parce

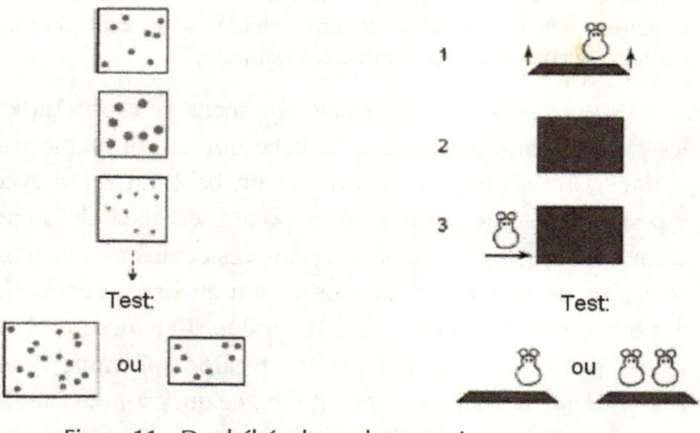

Figure 11 : Des bébés de quelques mois savent compter et même faire des additions. Le démontrer demande une certaine ingéniosité de la part des expérimentateurs… On exploite souvent la préférence des bébés pour tout ce qui est nouveau ou inattendu. On peut par exemple tester la capacité de bébés à distinguer des ensembles de 8 points et des ensembles de 16 points (à gauche), ou à calculer qu'un Mickey plus un Mickey, cela devrait faire deux Mickey.

que l'expérimentateur a triché et en a enlevé un en douce, il n'y a toujours qu'un seul Mickey sur scène (*figure 11*).

Le bébé sera-t-il surpris quand il ne verra qu'un Mickey au lieu des deux auxquels il s'attendait ?

Oui, le bébé est surpris, et le manifeste en fixant plus longtemps la scène quand il y a un Mickey que quand il y en a deux. Qu'est-ce que cela montre ? Que le bébé sait faire des additions ! Quand il voit un objet plus un autre objet, il s'attend à ce que ça fasse deux objets, il est donc surpris quand ce n'est pas le cas.

Alors, qu'est-ce que nous autres, adultes humains, avons en plus que les animaux et les bébés ?

L'essentiel de ce que nous avons en plus, c'est le langage, la capacité à mettre des symboles, des mots, sur les choses. En particulier, nous avons les chiffres, ces symboles particuliers qui permettent de mettre des étiquettes exactes sur les quantités. Pour un pigeon, qui calcule de façon approximative, il est impossible de faire la différence entre 29 et 30, alors que, pour nous qui avons des mots et des chiffres arabes distincts, 29 et 30 sont tout à fait distincts, même s'ils représentent des quantités proches. Une autre chose qu'apporte le fait d'utiliser des symboles, c'est de nous permettre de réaliser des calculs compliqués, de manipuler ces nombres, en somme de faire des mathématiques. Essayez donc de multiplier cinq cent vingt-neuf par six cent treize sans utiliser les chiffres arabes !

Certaines langues sont-elles plus ou moins adaptées à la manipulation des nombres ?

Oui. On a étudié le cas extrême des Indiens Mundurukus d'Amazonie, qui n'ont de mots que pour compter de 1 à 4 ou 5 (qui se disent respectivement *pung*, *ebadipdip* et *pung-pongbi*). Même 5 n'est pas utilisé de façon bien précise, et *pung-pongbi* peut d'ailleurs se traduire par « une poignée ». Pourtant, quand il s'agit de faire une estimation approximative des quantités d'objets, ils sont aussi bons que des étudiants français. Pour dire par exemple si ce tas

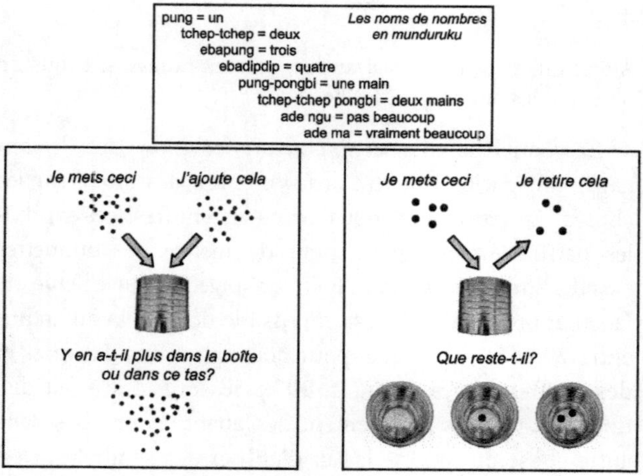

Figure 12 : Les Mundurukus d'Amazonie savent tout au plus compter jusqu'à 5. Cela ne les empêche pas de faire aussi bien que des étudiants français quand il s'agit d'évaluer et d'ajouter approximativement des quantités d'objets (à gauche). En revanche, ils ne peuvent pas faire de calculs exacts (à droite).

de cailloux plus cet autre tas de cailloux, ça fait à peu près autant que ce troisième tas de cailloux, ils sont excellents. En revanche, ils sont incapables de faire des calculs exacts. Par exemple, on montre à un Munduruku une boîte vide. Il voit qu'on y dépose 6 cailloux, puis qu'on en retire 5. Il doit indiquer si, à son avis, il en reste 0, 1 ou 2 dans la boîte. Les Mundurukus n'arrivent pas à répondre correctement à ce test, qui ne nous semble pourtant pas plus difficile que l'estimation des tas de cailloux (*figure 12*).

Pourquoi la soustraction de cailloux pose-t-elle plus de problème que l'estimation des grands tas de cailloux ?

Parce que soustraire précisément 5 cailloux de 6 cailloux exige des mots, des chiffres ou d'autres symboles permettant de représenter de façon précise les quantités correspondantes, or les Mundurukus ne disposent pas de ces symboles.

Connaît-on les mécanismes cérébraux de ces capacités de calcul ?

Schématiquement, la grande distinction entre manipulation approximative des quantités et calculs exacts employant des symboles se retrouve au niveau cérébral. Certains patients ont du mal à manipuler les nombres sous forme de mots ou de chiffres, mais n'ont aucun mal avec les quantités approximatives, un peu comme si leur lésion cérébrale les avait transformés en Mundurukus. Ces patients souffrent de lésions des régions traditionnelles du langage. Je me souviens d'un homme profondément aphasique, dont les difficultés de langage envahissaient le domaine des nombres. Il n'arrivait pas à lire ni à écrire les chiffres ou les nombres, et se montrait incapable de résoudre les calculs les plus simples. En revanche, il avait une idée convenable des quantités. Selon lui, une année comportait « environ dix mois » et « environ 350 jours ». Il ne pouvait certes pas indiquer combien font exactement 2 + 3, mais, quand on lui suggérait 9, il nous faisait bien comprendre que c'était beaucoup trop.

Inversement, est-ce que d'autres patients peuvent manipuler les mots et les chiffres, alors qu'ils ont perdu le sens des quantités ?

C'est une situation nettement plus rare, mais cela arrive. Cette fois, la région cérébrale endommagée se trouve dans le lobe pariétal, dont l'imagerie fonctionnelle cérébrale montre qu'elle est activée lors de la manipulation de quantités, que ces quantités se présentent sous forme d'ensembles d'objets, de noms de nombres ou de chiffres arabes. Je me souviens là encore d'un patient, un graveur remarquable, qui n'avait aucun problème de langage. Il lisait aisément les nombres, récitait par cœur les tables de multiplication, etc. En revanche, tout ce qui demandait une manipulation mentale des quantités lui posait d'insurmontables difficultés. Il était incapable de faire les soustractions les plus simples, pour lesquelles aucune table n'est apprise par cœur. Il répondit une fois que 6 – 3 = 7. Il indiqua même une fois que de 6 ou 5, 5 est le plus grand !

Pour finir, la fameuse « bosse des maths » existe-t-elle ?

Bien sûr que non, puisqu'on a besoin, pour faire des mathématiques, d'un large réseau de systèmes et de régions impliqués dans la représentation des quantités, la manipulation des symboles, et enfin, bien que nous n'en ayons pas parlé, le raisonnement abstrait. Mais, s'il fallait choisir une région vraiment spécifique des nombres, je choisirais celle du cortex pariétal dont je viens de parler, qui est la base de cette représentation approximative des quantités que nous partageons avec les animaux. Et d'ailleurs, chez le singe, on a récemment enregistré, dans la région correspondante, des neurones individuels qui s'activent quand ce dernier perçoit un nombre donné d'objets. Il y a des neurones qui détectent le nombre 3 ou à peu près, d'autres qui détectent 5 ou à peu près, etc. Et il est fort probable qu'il y ait le même genre de neurones dans notre propre cerveau.

On pourrait donc dire que les mathématiques sont un vaste échafaudage mental, bricolé par l'espèce humaine, à des degrés divers selon les époques et les cultures, sur la base des capacités innées de notre cerveau, langage, représentation des quantités et capacités de raisonnement.

Que voit-on dans un visage ?

Il y a deux ans, on a beaucoup parlé dans les médias de la première greffe de visage, une réalisation à la fois fascinante et angoissante. Le tableau le plus célèbre du monde, *La Joconde*, ne représente qu'un visage ou presque. Nous pouvons tomber amoureux d'un visage au premier coup d'œil. Et ne parlons pas des fortunes englouties en cosmétiques et en chirurgie esthétique. Tout cela signifie qu'il n'y a pas plus important pour nous que le visage. Est-ce que les neurosciences peuvent nous aider à le comprendre ?

Pour nous qui sommes une espèce sociale, nous qui vivons toujours ensemble, entourés en permanence de milliers d'autres humains, la capacité d'analyser les visages est extraordinairement importante. Je vais essayer de donner une idée de la diversité des choses que nous pouvons lire sur un visage.

Peut-on partir d'un exemple concret ?

Imaginez qu'au coin d'une rue vous tombiez nez à nez avec moi, sans vous y attendre. En une fraction de seconde, uniquement à partir de mon visage, vous allez apprendre une multitude de choses.

Je vous connais, et je vais donc vous reconnaître.

En effet. Un visage est d'abord un objet comme un autre. Si vous voyez une chaise, vous pouvez accéder à un certain nombre d'informations générales sur cette chaise : elle est en bois, en mauvais état, de style Louis XV. Si en plus c'est une chaise qui est d'habitude dans votre salon, qui vous est familière, vous allez la reconnaître et cela va réveiller tous les souvenirs personnels qui lui sont attachés, où, quand et à qui vous l'avez achetée, etc. C'est la même chose pour les visages. D'une part, en voyant mon visage, vous vous rendez compte que je suis un être humain mâle, âgé approximativement de tel âge, probablement pas d'origine scandinave, etc. Mais aussi, comme vous me connaissez, vous allez me reconnaître instantanément, moi, parmi les milliers ou les dizaines de milliers de visages que vous connaissez.

Ce seraient donc les mêmes régions cérébrales qui serviraient à reconnaître les chaises et les visages ?

Presque. Sur la face inférieure de l'arrière du cerveau, il y a des régions assez étendues du cortex qui servent à reconnaître les objets que nous voyons. Au sein de ces régions, de petites zones sont spécialisées pour certaines catégories d'objets importants et familiers. La région qui sert à reconnaître les mots écrits, dont nous avons déjà parlé, est une de ces zones. Dans le cas des visages, c'est une partie du cortex visuel de l'hémisphère droit qui est spécialisée.

Arrive-t-il que cette petite région soit détruite accidentellement ?

Je me souviens d'un ingénieur, âgé d'une cinquantaine d'années, qui avait été victime une nuit, pendant son sommeil, d'un accident vasculaire cérébral touchant cette région particulière. Le matin, il s'était réveillé, s'était rendu à la salle de bains, et avait découvert dans son miroir… le visage d'un parfait inconnu. Sa raison lui disait certes que c'était bien lui qu'il regardait, mais son visage n'avait plus aucune familiarité. Stupéfait, il était retourné dans sa chambre. Il savait bien que la femme qui dormait dans le lit était son épouse, mais, là encore, son visage n'était plus que celui d'une parfaite inconnue. En revanche, dès qu'elle lui adressa la parole, il reconnut immédiatement sa voix. Notre ingénieur n'avait aucun mal avec les objets ou les mots écrits : il avait reconnu sans hésitation le collier que portait sa femme, un cadeau acheté lors d'un voyage en Grèce, et il lisait parfaitement. Ce déficit spectaculaire est appelé « prosopagnosie », c'est-à-dire, étymologiquement, « incapacité à reconnaître les visages ».

Ne plus reconnaître les visages doit constituer un véritable handicap social ?

C'est évidemment un handicap, mais pas absolu dans la mesure où nous disposons d'indices multiples pour découvrir qui est en face de nous. D'ailleurs, il existe une prosopagnosie de développement qui n'empêche pas d'avoir une vie sociale sensiblement normale. Ces gens naissent avec une incapacité congénitale à reconnaître les visages. Un homme racontait que lui-même et sa famille s'étaient aperçus qu'il y avait quelque chose qui clochait quand il était allé voir un film de gangsters et avait demandé à son père pourquoi diable les voleurs se cachaient le visage derrière un foulard pour cambrioler une banque ! Pendant toute son enfance, il s'était débrouillé pour reconnaître raisonnablement bien les membres de son entourage en se fondant sur d'autres indices que la configuration spécifique de leur visage. Si vous rencontrez dans votre quartier un homme d'une cinquantaine d'années, haut de 1,65 mètre, dodu et aux cheveux gris, vêtu d'un éternel pull vert, boitant légèrement et s'adressant à vous avec un accent méridional, vous reconnaîtrez votre voisin, même si vous êtes prosopagnosique et que son visage ne vous dit rien. Un jeune homme prosopagnosique racontait que ses ennuis avaient vraiment commencé au début de son service militaire. Parmi des hommes qui étaient tous du même âge, tous les cheveux ras et tous vêtus du même uniforme, il lui semblait être entouré d'une armée de clones. Il n'avait d'ailleurs pas tardé à être réformé du fait de l'angoisse dans laquelle cela le plongeait.

Il est assez difficile de se « mettre dans la tête » d'un prosopagnosique. Comment imaginer que l'on voit parfaitement les traits du visage sans en identifier le propriétaire ?

Ce n'est pas si difficile. Si vous avez été élevé dans un milieu européen, parmi des visages blancs, vous aurez un peu de mal à distinguer entre eux des visages noirs africains, et inversement. « Ils se ressemblent tous ! » disent les Blancs des Noirs, les Noirs des Blancs, les Asiatiques des Blancs, etc. Chacun a développé une expertise très affûtée pour les types de visages auxquels il est exposé depuis son enfance, et plus floue pour des types peu familiers. On peut imaginer le vécu d'un prosopagnosique comme une forme extrême de cette perception indifférenciée. Vous pouvez aussi faire une autre expérience. Regardez une série de photos de visages à l'envers, la tête en bas. Même si ce sont vos frères, sœurs, parents ou enfants, vous verrez clairement les images, mais vous aurez les plus grandes difficultés à les reconnaître.

Pourtant ce sont des photos que vous reconnaîtriez immédiatement si elles étaient à l'endroit ?

Absolument. Notre système d'analyse et de reconnaissance des visages n'est expert que pour les visages normalement orientés.

Il y a encore bien d'autres informations socialement importantes qui sont portées par un visage.

Bien sûr ! Imaginez maintenant que, quand vous tombez nez à nez avec moi, mon regard se dirige soudainement vers la gauche parce que je viens de m'apercevoir qu'une voiture est en train de foncer vers nous. Comme mon regard est dirigé vers le côté, votre regard et votre attention vont être automatiquement attirés eux aussi vers le côté. C'est très utile, parce que c'est ce qui vous permettra de voir et d'éviter la voiture qui arrive. Ce phénomène permet de faire très rapidement partager à nos congénères l'orientation de notre attention et de mettre ainsi en commun le contenu même de nos pensées. Les chimpanzés ont également cette capacité d'échange social. Pour ce qui est de l'être humain, elle apparaît chez les bébés dès l'âge de 6 mois.

Ce sont les mêmes régions cérébrales qui servent à reconnaître les visages et à analyser l'orientation du regard ?

Ce sont des systèmes tout à fait différents. D'ailleurs, les prosopagnosiques n'ont aucun mal à décoder l'orientation du regard des visages qu'ils ne reconnaissent pas. Ce n'est pas étonnant, parce que ce ne sont pas du tout les mêmes indices qu'il faut exploiter. La direction du regard ne dit absolument rien sur l'identité du visage et, inversement, la longueur du nez et sa distance par rapport à la bouche ne disent rien sur l'orientation de l'attention d'un interlocuteur. Le décodage de l'orientation du regard repose d'ailleurs sur une région du cortex qui n'est pas sur la face inférieure du cerveau, mais sur le côté des lobes temporaux. Une fois repérée la cible du regard de votre vis-à-vis, cette région envoie l'information à un autre système qui se charge de diriger votre propre regard dans la même direction.

Si vous voyez qu'une voiture fonce sur nous, non seulement vous allez diriger votre regard dans la direction de la menace, mais vous allez aussi prendre un air terrifié. Cela aussi, je vais le lire sur votre visage.

Heureusement ! Car c'est aussi un renseignement utile. Comme j'ai l'air terrifié, vous allez automatiquement pressentir un danger et vous mettre en état d'alerte, votre cœur va s'accélérer pour faciliter votre fuite, etc. Ce système de détection de la peur est extrêmement rapide. Il passe par des régions profondes et archaïques du cerveau, certains pensent que le cortex est complètement court-circuité. Très rapidement va s'activer une région qu'on appelle l'« amygdale », un noyau caché dans les profondeurs des lobes temporaux, juste en avant de l'hippocampe dont nous avons déjà parlé. Ce système d'alerte peut même fonctionner de façon inconsciente. Si l'on vous présente très brièvement un visage effrayé, de façon subliminale, sans que vous ayez conscience de le voir, vos amygdales vont pourtant s'allumer et vous mettre en état d'alerte (*figure 13*).

Certains patients sont-ils incapables de détecter la peur ?

Quelques patients, très rares, qui souffrent d'une maladie des amygdales, ont en effet du mal à se rendre compte qu'un visage exprime la peur. Ils ont aussi du mal à déci-

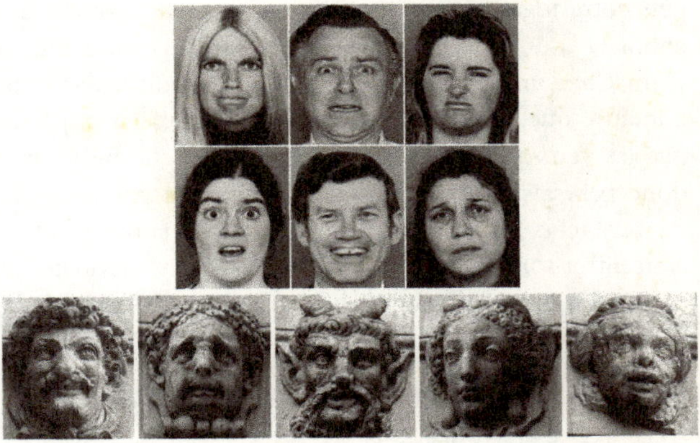

Figure 13 : Des collections d'images ont été mises au point (notamment par Paul Ekman, en haut) pour étudier les mécanismes de décodage des émotions. En bas, les hauts-reliefs de l'hôtel de Beauvais, à Paris.

der si un visage inspire confiance ou non. Lorsqu'on leur présente des photos de visages plus ou moins patibulaires ou sympathiques, ces patients ont le plus grand mal à repérer ceux qui devraient éveiller leur méfiance.

Quel est l'indice qui nous saute aux yeux dans un visage effrayé, l'indice qui permet en une fraction de seconde de déclencher notre système d'alarme ?

La marque cruciale de la peur, ce sont les yeux écarquillés, avec le blanc très visible. Comment le sait-on ? Lorsque nous regardons un visage, nous inspectons surtout les yeux, un peu moins la bouche, et nous fixons très peu notre regard sur le reste. Je viens de mentionner une anomalie des amygdales qui empêche de reconnaître la peur. Chez une patiente qui souffrait de cette maladie, on a montré que, contrairement à la normale, elle n'inspectait pas les yeux plus que le reste du visage, elle ne pouvait donc pas saisir ces indices de peur portés par les yeux. En revanche, quand on lui demandait de faire l'effort de concentrer son attention sur le regard de son interlocuteur, elle devenait parfaitement capable de détecter la peur.

Les yeux sont importants, mais pourquoi le blanc des yeux ?

Comme je vous l'ai dit, lorsque nous voyons un visage effrayé, nos amygdales s'activent. Il suffit même de montrer de grands blancs d'yeux, sans aucun visage autour, pour obtenir le même effet. C'est un indice tellement puis-

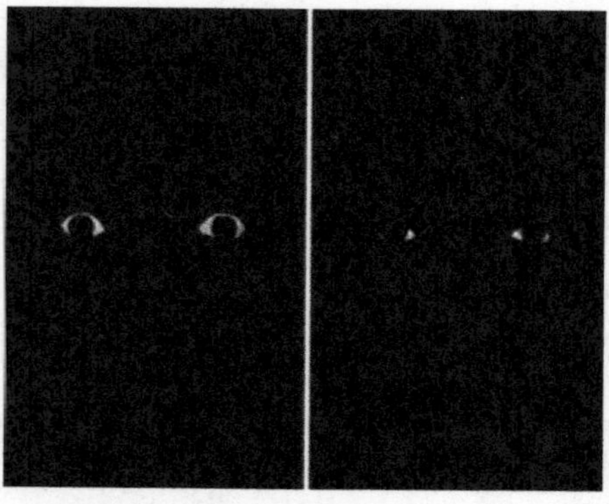

Figure 14 : Le principal indice de peur que nous détectons dans un visage est la visibilité du blanc des yeux.

sant et tellement automatique que cette activation amygdalienne se produit même si ces images d'yeux sont présentées de façon subliminale, si brièvement que nous n'en avons pas conscience (*figure 14*).

Y a-t-il encore d'autres choses à décoder dans un visage, hormis son identité, la direction de son regard et les émotions qu'il exprime ?

Bien sûr, nous n'avons pas fini ! Dans la rue où nous nous rencontrons, il y a beaucoup de bruit, des voitures qui passent, et vous n'entendez pas bien ce que je vous dis. Heureusement, vous voyez mes lèvres bouger, et vous pouvez vous aider de la lecture sur les lèvres pour reconnaître le mot que je prononce. L'influence de la vision sur la perception de la parole est bien illustrée par une illusion qu'a découverte Harry McGurk par le plus grand hasard, connue depuis sous le nom d'« effet McGurk ». Il travaillait alors sur la perception de la parole par les jeunes enfants. Pour les besoins d'une expérience, un technicien a préparé une vidéo combinant les images d'un visage de femme en train de prononcer la syllabe « GA » avec la bande-son de la syllabe « BA ». En regardant cette vidéo, tout le monde avait l'impression bien nette que la femme prononçait la syllabe « DA ». On crut d'abord à une erreur du technicien, qui aurait utilisé le son « DA » au lieu du son « BA », avant de comprendre qu'il y avait là une puissante illusion perceptive (il est facile d'en trouver des exemples sur Internet). Le son « DA » que vous percevez est intermédiaire entre le « BA » qui est entré dans vos oreilles et le « GA » que vous avez vu. Le « B » est articulé avec les lèvres, le « G » avec la gorge, et le « D » avec la langue et le palais, c'est-à-dire entre les deux. Votre vision de la bouche en train d'articuler a influencé de façon irrépressible votre manière d'entendre les sons. De fait, des études en imagerie fonctionnelle ont montré que le simple fait de voir une bouche articuler des mots active les régions auditives du cerveau, des régions qui servent à décoder les sons de la parole.

Le sexe, l'âge, l'état de santé, l'identité, l'orientation de l'attention, les émotions, la lecture des paroles sur les lèvres, nous lisons tout cela sur un visage. Mais de surcroît, sans savoir pourquoi le plus souvent, nous le trouvons beau ou laid, attirant ou antipathique.

Cela aussi, c'est de la biologie. Pourquoi attribuons-nous une valeur esthétique aux visages que nous croisons ? En termes d'évolution, on pense que l'avantage est qu'un beau visage serait une sorte de publicité pour la santé et les capacités de reproduction d'un individu. La sensibilité à la beauté d'un visage permettrait de repérer les meilleurs partenaires pour s'assurer une vaste descendance. Ce serait l'équivalent humain de la préférence chez un autre mammifère pour un partenaire dodu au poil luisant, signe de bonne santé, plutôt que galleux et maigrichon.

Cela voudrait dire que certaines caractéristiques du visage seraient des signes universels de « bonne qualité » ?

C'est affreusement réducteur, mais trois caractéristiques ont été retrouvées par de nombreuses études, et pas seulement sur des visages européens. Les visages proches de la moyenne, symétriques et sexuellement marqués sont généralement considérés comme beaux ! On peut supposer qu'un visage « moyen » indique l'absence de malformations, d'accidents, et un fonctionnement d'ensemble satisfaisant. Heureusement, cela ne veut pas dire que tous les beaux visages sont proches de la moyenne, ni que le visage moyen représente la beauté idéale.

Vous disiez aussi que les visages avec de fortes marques sexuelles sont considérés comme attirants.

À la puberté, la testostérone « virilise » le visage des garçons. La mâchoire s'élargit, les sourcils s'épaississent. Le visage des filles se féminise, avec un petit menton, des lèvres pleines, etc. La différence entre le visage des hommes et celui des femmes s'accroît. Ce n'est pas très étonnant quand on lit les magazines « people » chez le coiffeur, mais des études tout à fait sérieuses ont confirmé que les visages de femmes sont jugés plus attirants quand ils sont plus féminins que la moyenne.

Et les visages d'hommes sont jugés plus attirants quand ils sont plus masculins que la moyenne ?

La préférence pour les visages hypervirils est moins nette. Là aussi une explication évolutionniste serait possible. Peut-être que les femmes cherchent non seulement un bon reproducteur, mais aussi un homme pas trop dominateur, pas trop volage et qui s'occupera de ses enfants. Je suppose qu'il faut peser les avantages et les inconvénients des supermâles.

Tout cela, ce sont des principes généraux. Mais pourquoi un visage va me plaire et non un autre qui sera tout aussi proche ou aussi éloigné de la moyenne, aussi symétrique et aussi marqué sexuellement ?

Mystères du coup de foudre... Mais, parmi les raisons des préférences individuelles et irréductibles, il y en a une qui a été étudiée : la ressemblance avec soi-même.

Vous voulez dire que nous sommes attirés par les visages qui ressemblent au nôtre ?

Lisa DeBruine a présenté des photos de visages à des hommes et des femmes, en leur demandant de les noter pour leur caractère plus ou moins attirant. En utilisant une technique de *morphing*, elle a introduit dans certaines images une ressemblance avec le visage des sujets de l'expérience eux-mêmes, bien sûr sans les prévenir. Il s'avère que nous trouvons plus attirants les visages qui ressemblent un peu au nôtre. Mais cette préférence concerne surtout les visages du même sexe : les femmes préfèrent les femmes qui leur ressemblent, et les hommes préfèrent les hommes qui leur ressemblent.

Je suis sûr que vous allez trouver une bonne raison à cela en termes d'évolution de l'espèce humaine ?

Cela a en effet un certain sens. Admettons que la ressemblance physique soit un indice de proximité génétique ; en d'autres termes, que, si quelqu'un nous ressemble, il y a de fortes chances qu'il soit de notre famille. Imaginons qu'un de nos ancêtres rencontre dans la savane un de ses cousins, qu'il ne connaissait pas. Il lui trouve un petit air de famille, de ce fait le juge sympathique, s'associe à lui, l'aide à s'en sortir dans la vie. On a effectivement montré, toujours avec des clichés manipulés, que dans un jeu d'argent nous faisons plus facilement confiance à un partenaire dont le visage ressemble au nôtre, sans être même conscient de cette ressemblance. En aidant son cousin, notre ancêtre l'aide à avoir des enfants et à propager ses gènes à une vaste descendance, des gènes qu'ils ont tous deux en commun.

Autrement dit, une préférence innée pour les visages qui nous ressemblent présenterait un certain avantage, ce qui expliquerait qu'elle se soit répandue de génération en génération à toute l'espèce. Mais votre histoire de savane me pose un problème : comment notre ancêtre pouvait-il repérer l'air de famille de son cousin s'il n'avait pas de miroir pour savoir à quoi il ressemblait lui-même ?

Bonne question. Une possibilité serait qu'il juge cette ressemblance par rapport non à lui-même, mais à sa famille proche, qu'il ne se dise pas « il me ressemble », mais « il ressemble à mon père, à ma mère, à mes frères et sœurs », ce qui reviendrait à peu près au même. Mais il faut avouer que ces explications en termes d'évolution et de sélection naturelle viennent nécessairement après coup et sont bien difficiles à vérifier…

Nous allons maintenant discuter d'une situation, fort importante pour le fonctionnement de la société, dans laquelle les émotions suscitées par un visage ont une importance considérable. Je parle bien sûr des élections, qui comme chacun sait se font un peu à la tête du client…

La tête du Président : un peu de neuropolitique

Il paraît qu'à table il ne faut parler ni de religion ni de politique, parce que ce sont des sujets qui dégénèrent immanquablement en disputes. Mais ici nous avons le droit de parler de tout. Sans prendre parti, sait-on un peu comment fonctionne la politique dans la tête des citoyens ?

Dans les choix politiques, je suppose qu'on devrait réfléchir, peser le pour et le contre, lire les programmes électoraux, etc. Mais il y a aussi l'image, l'image pure : on vote pour quelqu'un parce qu'on trouve qu'il a une bonne tête, qu'il est beau, qu'elle est belle, ou sympathique.

Et que se passe-t-il dans notre tête quand on voit le visage d'un candidat à une élection ?

D'abord, rappelons que, quand nous voyons un visage, toute une variété de systèmes se mettent en route dans notre cerveau : ce sont des systèmes distincts qui servent à reconnaître l'identité, à repérer la direction du regard, à identifier l'émotion, etc. En outre, ces activations ne dépendent pas seulement des caractéristiques objectives du visage, mais aussi de notre attitude et de nos préjugés personnels vis-à-vis de lui.

Quel genre de préjugé par exemple ?

Par exemple, la couleur. Dans une expérience d'imagerie cérébrale menée il y a quelques années aux États-Unis, on a montré à des sujets blancs des visages soit d'hommes blancs, soit d'hommes noirs. La perception de visages noirs entraînait des activations supplémentaires, dans deux types de régions. D'une part, les amygdales cérébrales, qui sont très impliquées dans les réactions émotionnelles. Elles s'activaient automatiquement à la vue de visages noirs présentés même pendant 1/30 de seconde. Et ces activations étaient surtout intenses chez les sujets ayant plus de préjugés raciaux que les autres. Mais, quand les visages étaient présentés plus longtemps, les sujets avaient le temps de contrôler cette réaction automatique, et ce n'étaient plus tellement les amygdales qui s'activaient, mais plutôt des régions frontales impliquées dans le contrôle et la maîtrise des émotions.

Et l'attitude politique vis-à-vis d'un candidat à une élection, c'est un peu la même chose ? Ça déclenche à la fois des émotions automatiques et un contrôle volontaire de ces émotions ?

Oui. Il y a quelques études qui ont été réalisées sur cette question. Par exemple, en 2004, pendant la campagne pour les élections présidentielles américaines, on a testé des électeurs républicains (favorables à George Bush) et démocrates (favorables à John Kerry). On leur a présenté, dans une machine d'IRM fonctionnelle, le visage de leur candidat et celui de l'adversaire. En gros, il y avait plus d'activations quand ils voyaient l'adversaire que lorsque c'était leur candidat.

Quels sont les systèmes qui réagissent au visage de l'adversaire, du « méchant » ?

C'est comme ce que je disais à propos des visages noirs et blancs. Il y a d'une part des régions qui correspondent aux émotions (je suppose qu'il s'agit plutôt d'émotions négatives) qu'inspire automatiquement ce visage, et d'autre part des régions impliquées dans le contrôle volontaire de ces émotions. Peut-être parce qu'on essaie de supprimer les sentiments trop négatifs qu'on ressent. Ou peut-être inversement parce qu'on essaie de supprimer les sentiments positifs qu'on éprouve pour son adversaire !

Ce sont là des différences entre le candidat favori et l'adversaire, qu'ils soient de droite ou de gauche. Mais y a-t-il des différences de fonctionnement cérébral selon l'orientation politique ?

Nous entrons dans un domaine délicat, et j'espère que nous n'allons pas nous faire des ennemis. Une étude intéressante est parue récemment sur ce point dans la revue *Nature Neuroscience*. Les auteurs ont demandé à des électeurs américains de se situer sur une échelle de 1 à 10 entre superlibéral et superconservateur. Puis ils les ont soumis à une tâche assez simple : ils leur montraient des A et des B qui défilaient sur un écran – 80 % de A et seulement 20 % de B. Dès qu'un A apparaissait, ils devaient appuyer sur un bouton. Mais, quand c'était un B, donc assez rarement, ils devaient s'en abstenir. Dans cette tâche, il y a un comportement habituel (appuyer sur un bouton dès qu'une lettre apparaît) qui marche presque à tous les coups. Et puis de temps en temps il y a un conflit. Un conflit entre cette habitude et des circonstances inhabituelles qui demandent de réfréner cette habitude, de ne pas appuyer sur le bouton.

On s'attend à ce que les conservateurs… conservent, c'est-à-dire qu'ils aient un peu de mal à renoncer à leurs habitudes ?

Et c'est ce qui se passe : les sujets conservateurs ont plus de mal à réfréner leur réponse routinière, même quand il le faudrait. Les libéraux ont un comportement plus flexible, il leur est plus facile de s'empêcher de répondre quand, exceptionnellement, il faut s'abstenir.

A-t-on une explication de cette différence, au niveau cérébral ?

Pendant cette expérience, l'activité électrique cérébrale était enregistrée, ce qu'on appelle les « potentiels évoqués électriques ». Dans les situations de conflit, c'est-à-dire quand il y a une contradiction entre la réponse habituelle et ce qu'il faut faire, on peut mesurer des ondes électriques bien particulières venues de la face cachée des lobes frontaux. Dans cette étude, la taille de cette onde est d'autant plus grande que les sujets se considèrent eux-mêmes comme plus libéraux.

Donc, les libéraux sont plus ouverts aux conflits. Ces ondes reflètent-elles une tendance à remettre plus volontiers en question les habitudes acquises ?

C'est ce que suggère ce travail. Mais les auteurs prennent soin de préciser qu'il n'y a pas là de jugement de valeur. Ils analysent seulement des nuances de style cognitif, de style intellectuel, qui ont un certain rapport avec les orientations politiques.

Nous venons de voir comment les préférences ou les convictions politiques se différencient au niveau cognitif. Mais, pour certains, la politique se résume à l'admiration éperdue pour un homme (ou une femme) providentiel, au-delà de toute critique.

Il y a une histoire neurologique amusante, si l'on peut dire, à ce propos. Des collègues italiens ont décrit le cas d'une patiente, une dame d'une soixantaine d'années, souffrant d'une maladie dégénérative cérébrale qu'on appelle une « démence sémantique ». Ces patients oublient progressivement ce qu'ils savent sur les choses et les gens. Ainsi, cette dame était complètement incapable de reconnaître des images de personnages très célèbres et très familiers. À deux exceptions près : elle reconnaissait Jésus-Christ sur la croix et le visage de… Silvio Berlusconi, dont elle savait d'ailleurs encore qu'il était riche, qu'il possédait des chaînes de télévision et qu'il faisait de la politique. Elle ne reconnaissait aucun autre visage. Et l'explication en était bien le monopole de l'image de Berlusconi, alors président du Conseil et patron de la plupart des chaînes de télévision, qui avait laissé une empreinte indélébile résistant même à la détérioration avancée du cerveau de cette malheureuse patiente !

Donc, que nous en ayons conscience ou non, nos hommes politiques laissent une empreinte bien profonde dans notre cerveau…

Le cauchemar des sosies

Chaque fois que je vous vois, je me dis : « Voilà Laurent Cohen. » Il ne me viendrait pas à l'esprit que vous soyez une doublure, un faux, un sosie de Laurent Cohen qui serait venu à votre place. Pourtant, il arrive que des patients aient la conviction étrange que des membres de leur entourage ont été remplacés par des sosies.

Joseph Capgras a décrit en 1923 cette illusion des sosies qui s'appelle depuis « syndrome de Capgras ». Chez sa patiente, les sosies proliféraient d'une manière effarante, puisque ses enfants, son mari, ses amis et voisins étaient remplacés par des sosies, qui étaient eux-mêmes remplacés rapidement par des sosies de sosies ! Mais ce phénomène était perdu dans une multiplicité d'autres symptômes. Les choses sont sans doute plus faciles à comprendre dans des cas où l'illusion est plus ou moins isolée. Par exemple, un jeune homme a un accident de voiture, un traumatisme crânien assez sérieux, il s'en sort, retourne vivre chez ses parents, mais il est très vite ennuyé, parce qu'il est persuadé que son père n'est pas son père, c'est un imposteur qui a remplacé son vrai père.

« — Qu'est-ce qui vous fait penser ça ?

— C'est vrai, cet homme ressemble d'une façon incroyable à mon père, il est sympathique, il s'occupe bien de moi, mais je sais bien que ce n'est pas lui.

— Pourquoi votre père aurait-il été remplacé ?

— C'est très curieux, peut-être que mon père l'a engagé pour s'occuper de moi pendant qu'il est en vacances. »

Comment peut-on comprendre d'où vient au patient cette idée étrange ?

Comme je vous l'ai dit précédemment, quand vous voyez un visage, vous déclenchez un système spécialisé, situé sur la face inférieure du lobe temporal de l'hémisphère droit, un système qui permet de reconnaître ce visage. Disons que c'est votre mère que vous voyez. Ce système spécialisé reconnaît le visage en une fraction de seconde. Il se produit alors simultanément deux choses différentes, qui mettent en jeu deux systèmes cérébraux distincts. D'une part, tous vos souvenirs concernant votre mère reviennent et, d'autre part, il y a une émotion, une sensation de grande familiarité qui s'éveille. Cette familiarité mobilise probablement un ensemble de régions impliquées dans les émotions, parmi lesquelles l'amygdale dont nous avons déjà parlé.

Normalement, la récupération des souvenirs et la sensation de familiarité vont ensemble. Est-ce toujours le cas ?

Non, parfois il y a l'un sans l'autre. Si vous rencontrez quelqu'un que vous connaissez, mais dans un endroit très inhabituel, par exemple votre marchand de journaux en faisant la queue au cinéma, vous allez vous dire pendant quelques minutes : « Je connais très bien ce visage mais qui est-ce donc ? » Vous aurez la familiarité sans la reconnaissance de la personne.

Et le syndrome de Capgras ?

C'est exactement le contraire. Vous voyez votre mère, vous la reconnaissez parfaitement, mais en même temps vous n'avez aucune sensation de familiarité. Vous vous trouvez dans une situation étrange : « Elle a toute l'allure de ma mère et pourtant je sens bien que ce n'est pas elle. » Comment vous en sortir ? En imaginant que c'est un sosie, que c'est quelqu'un qui a l'aspect de votre mère, mais que c'est un imposteur.

D'après les exemples que vous donnez, ce sont toujours des gens très proches dont on a l'impression qu'ils sont remplacés par des sosies ?

Oui, on prend sa femme ou son fils pour un imposteur (ou son chien – il y a un patient qui pensait que son caniche avait été remplacé par un sosie), non le facteur ou le plombier. Pour que les patients élaborent une histoire de sosie, il faut que l'absence de sentiment de familiarité pose réellement un problème. Si vous ne ressentez pas de familiarité pour le facteur, même si vous savez que vous le connaissez, ce n'est pas grave, ça ne remet pas en cause la cohérence de votre existence, l'histoire de votre vie. Si, par contre, vous ressentez votre fils comme un étranger, alors on comprend qu'il faille élaborer tout un scénario pour que l'image que vous avez de votre propre vie ne tombe pas en morceaux.

Mais la familiarité ne concerne pas les seules personnes. On est aussi familier par exemple de l'endroit où l'on vit. Est-ce qu'on peut avoir un Capgras de sa maison ?

Dans ce cas, on ne parle pas de Capgras, mais le phénomène existe, sous le nom épouvantable de « paramnésie reduplicative ». Par exemple, un patient qui était hospitalisé est rentré passer un week-end chez lui. Le lundi en retournant à l'hôpital, il a raconté qu'il lui était arrivé quelque chose d'incroyable. À la sortie de l'hôpital, l'ambulance ne l'avait pas déposé chez lui, mais dans une maison ressemblant parfaitement à la sienne : même plan, mêmes meubles, mêmes tableaux aux murs. Il avait été stupéfié par la précision avec laquelle des gens avaient construit une copie de sa maison : les rideaux, les moindres détails étaient identiques. Il était très perplexe. Il se demandait si sa famille avait voulu lui faire une surprise ou lui cacher que sa maison avait été détruite puis remplacée par une autre à toute allure pendant qu'il était à l'hôpital. En bref, il essayait de donner un sens à ce qui était pour lui une double certitude contradictoire : il reconnaissait sa maison, mais, en même temps, il n'avait pas l'impression de familiarité qui l'accompagne.

Quelles sont les causes du syndrome de Capgras ?

Le plus souvent, ce phénomène apparaît chez des gens qui souffrent de maladies qui affectent des aspects assez globaux du fonctionnement cérébral, en particulier la schizophrénie et la maladie d'Alzheimer. Mais il y a aussi des cas dus à des lésions cérébrales plus limitées. Celles-ci concernent alors toujours l'hémisphère droit. C'est en effet l'hémisphère droit qui reconnaît les visages et suscite la familiarité qui lui est associée et qui se trouve précisément perdue dans le Capgras.

Votre explication du syndrome de Capgras par un simple manque de familiarité n'est pas tout à fait convaincante. Pourquoi le patient ne dit-il pas simplement quelque chose comme : « C'est évidemment ma mère, mais je me sens curieusement indifférent » ? Pourquoi va-t-il plutôt croire à une histoire totalement absurde ?

Vous avez parfaitement raison. Il semble que ce syndrome résulte de la combinaison de deux lésions. D'une part, comme je vous l'ai dit, une coupure entre le système visuel qui reconnaît le visage et le système qui éveille les émotions et la familiarité. Mais il faut d'autre part que le scénariste en chef de notre cerveau ait un peu perdu le sens des réalités ! Les régions préfrontales, encore elles, reçoivent de l'information de tout le cerveau, et jouent ce rôle de synthèse et d'interprétation de ce que nous disent nos yeux, nos oreilles, nos émotions. Certains pensent que, dans ce travail d'interprétation globale, l'hémisphère gauche a pour mission de raconter à tout prix une histoire cohérente, qui rende compte de toutes nos expériences, alors que l'hémisphère droit permettrait de juger de la plausibilité globale de ce scénario. Cela expliquerait que, dans le syndrome de Capgras, on constate souvent des lésions frontales droites. Dans ces conditions, les patients ne pourraient plus critiquer l'interprétation étrange concoctée par leur hémisphère gauche pour rendre compte de ces données contradictoires : « C'est ma mère, mais c'est une inconnue. »

Les personnes familières, les lieux familiers, le Capgras touche donc notre relation avec ce qui est le plus proche de nous ?

Oui, mais il y a des phénomènes plus ou moins analogues qui concernent quelque chose d'encore plus proche que la famille ou la maison, le corps lui-même. J'ai vu un patient, passons sur son histoire médicale, qui était paralysé du bras droit. Il tenait sur ce bras des propos assez terrifiants. Il racontait que, quelques jours auparavant, alors qu'il se promenait dans la rue, il était passé devant une boucherie et qu'il avait vu un bras accroché à la devanture de cette boucherie. Il se souvenait d'être entré dans la boutique et d'avoir acheté ce bras. Il ne savait plus bien ce qui s'était passé ensuite, mais il pensait que les médecins lui avaient cousu ce bras et que son bras paralysé n'était autre que ce bras acheté dans une boucherie, puis cousu à son épaule. Un peu comme dans le syndrome de Capgras, il avait le sentiment que son vrai bras avait été remplacé par une sorte d'imposteur, de sosie.

Et ça ne lui semblait pas étrange, voire impossible ?

Il se rendait compte lui-même qu'il y avait quelque chose qui n'allait pas dans son histoire. Il remarquait fort justement qu'il n'y avait aucune cicatrice de couture entre son bras et son torse, alors qu'il aurait dû y en avoir une. D'ailleurs, cet homme avait aussi une paramnésie des lieux. Alors qu'il était à l'hôpital à Paris, il avait la conviction qu'il se trouvait en réalité à Montréal, et il cherchait des explications compliquées au fait qu'il voyait sur ses draps de lit le logo « Hôpitaux de Paris ».

C'est un véritable cauchemar. Tout est faux autour de moi : mes proches sont des imposteurs, ma maison est un décor, mon propre corps est un assemblage d'accessoires inanimés. Faites de beaux rêves…

Attention et négligence : gare au gorille

Les patients dont nous venons de parler nient ce qui nous semble être l'évidence : leur père n'est pas leur père, leur maison n'est pas leur maison, leur bras n'est pas leur bras. D'une façon plus radicale, certains patients ne voient pas ce qu'ils ont juste sous les yeux, sans pourtant être aveugles !

Cela ne concerne pas que ces patients. Tous autant que nous sommes, nous ne voyons qu'une fraction des choses qui nous entourent. À vrai dire, nous ne voyons que ce à quoi nous faisons attention.

Pourquoi ne faisons-nous donc pas attention à tout ?

Le mot « attention » s'emploie dans des sens assez variés. « C'est un homme plein d'attentions », « Faites attention au feu rouge », « Il ne fait jamais attention à ce que je dis », etc. Dans tous ces cas, ce que le mot « attention » veut dire, c'est que, dans le monde surchargé où nous vivons, nous ne pouvons pas nous occuper de tout. Notre cerveau n'a pas la capacité d'analyser la totalité de ce qui nous entoure, nous devons choisir de nous occuper de certaines choses et d'en laisser d'autres de côté.

Les neurologues aussi utilisent le mot attention dans ce sens ?

À peu près. Ceux qui étudient l'attention essaient justement de comprendre quels mécanismes permettent au cerveau de choisir dans le monde extérieur, ou bien dans notre monde intérieur, les objets dont il va prendre conscience et ceux qu'il va laisser de côté et dont il ne va pas s'occuper. Il y a autour de moi plusieurs personnes et toutes sortes d'objets, et pourtant à chaque instant je ne prends conscience que d'une seule chose, un écran, un visage, etc., sur laquelle mon attention projette comme un spot de lumière.

Les objets que le faisceau de lumière de l'attention laisse dans l'ombre, nous ne les voyons pas ?

En effet. La démonstration la plus désopilante de cette sorte de cécité a peut-être été faite par Daniel Simons, au moyen d'une petite séquence vidéo facile à trouver sur Internet : on y voit une équipe de joueurs en maillots noirs et une équipe en maillots blancs qui se font des passes avec des ballons de basket ; on doit compter sans en rater une seule les passes que se font les joueurs en blanc (http://viscog.beckman.uiuc.edu/grafs/demos/15.html) (*figure 15*). Environ 50 % des gens qui regardent cette vidéo comptent les passes et ne remarquent rien de particulier. Or il se trouve qu'en plein milieu de la séquence un (faux) gorille traverse calmement la scène, s'arrête un instant pour se taper la poitrine avec les poings, puis sort de la scène d'un pas tranquille. Il s'avère qu'une personne sur deux est totalement aveugle au gorille et tombe des nues quand on lui montre la scène une seconde fois, en attirant son attention sur la bête. Hélas, maintenant que je vous ai révélé la présence du gorille, l'expérience ne marchera plus pour vous, mais faites voir cette vidéo à vos amis !

Pourtant nous avions les yeux ouverts. Pourquoi n'avons-nous pas vu le gorille ?

Notre bon sens nous dit que, si nous sommes réveillés et si nous avons les yeux ouverts, s'il se passe quelque chose d'énorme devant nous, nous devons le voir. Cet exemple nous montre que ce n'est pas le cas, que notre

Figure 15 : Un gorille traverse calmement la scène. Si vous n'êtes pas prévenu, vous avez une chance sur deux de le voir. © 2005, Daniel J. Simons

bon sens se trompe. Pour voir quelque chose, pour en prendre conscience, il ne suffit pas que des images entrent dans nos yeux. Il faut aussi que notre cerveau soit disponible pour les recevoir.

Dans le cas de ce film, pourquoi n'étions-nous pas disponibles pour voir le gorille ? Qu'est-ce qui nous empêche de faire plusieurs choses à la fois, compter les passes et voir le singe ?

Il est vrai que notre cerveau fait en permanence plusieurs choses à la fois. Par exemple, nous pouvons en même temps marcher et poursuivre une discussion. Toutefois, seule la discussion demande une certaine attention. La marche s'effectue de façon réflexe, sans que nous ayons besoin de penser à avancer chacun de nos pieds, si bien qu'elle n'entre pas en concurrence avec la discussion. Mais nous ne pouvons faire attention qu'à une chose à la fois, prendre conscience que d'une chose à la fois. Dans le film, si vous faites constamment attention à la balle, vous serez purement et simplement aveugle au gorille.

C'est effrayant. Ne pourrait-on pas utiliser ce fait pour empêcher volontairement des gens de voir ce qu'on voudrait leur cacher ?

Naturellement. C'est la principale technique qu'utilisent les prestidigitateurs, qui sont de grands experts de la manipulation de l'attention de leurs spectateurs. Si le magicien fait jaillir une flamme dans sa main droite tout en dirigeant son propre regard vers cette flamme, l'attention des spectateurs sera captive de cette main droite. Sa main gauche sera pour ainsi dire invisible, et il s'en servira pour escamoter discrètement un objet ou un autre, ni vu ni connu.

Si l'attention est nécessaire à nous faire voir le monde qui nous entoure, je suppose qu'une panne des mécanismes cérébraux de l'attention pourrait nous rendre pour ainsi dire aveugles ?

En effet. La situation la plus spectaculaire est ce qu'on appelle la négligence. J'emploie le mot « négligence » dans le sens technique assez particulier que lui donnent les neurologues. Quand on dit d'un patient qu'il souffre de négligence, on ne veut pas dire qu'il néglige de se laver ou de payer ses impôts. Un patient négligent est quelqu'un qui n'arrive plus à faire attention à ce qui se passe d'un côté du monde, généralement du côté gauche.

Comment cela se manifeste-t-il ?

Imaginez un patient négligent, assis sur une chaise, entouré d'un cercle d'une dizaine de personnes. Je suis face à lui et je lui demande : « Combien y a-t-il de personnes dans cette pièce ? » Il ne comptera que les personnes qui sont à sa droite et me répondra avec assurance : « Il y a six personnes. » Il n'orientera pas son attention vers tous ceux qui se trouvent à sa gauche, il fera comme s'ils n'existaient pas.

Cela veut-il dire que ce patient est d'une certaine manière aveugle du côté gauche ?

Non, pas exactement. S'il était aveugle du côté gauche, il se tournerait pour aller voir ce qui se passe à sa gauche. Pour le négligent, le problème est justement qu'il ne va pas déplacer son attention vers la moitié gauche du monde.

Dans quelles autres circonstances la négligence se manifeste-t-elle ?

Dans toutes les circonstances où nous devons agir dans l'espace. Souvent, les patients négligents se cognent l'épaule gauche aux montants des portes, auxquels ils ne font pas attention. Un patient négligent ne rasera que la moitié droite de son visage, la seule à laquelle il fasse attention devant son miroir. En écrivant, il n'utilisera que la moitié droite de la page et laissera la moitié gauche blanche. En faisant une tarte aux pommes, il ne mettra des pommes que sur la moitié droite de sa tarte. Je me souviens d'avoir vu une patiente qui n'a mangé que la moitié droite de son assiette de purée. Comme je lui en demandais la raison, elle m'a confirmé que son assiette était vide. J'ai fait alors pivoter son assiette de 180 degrés, le reste de la purée s'est retrouvé à droite et non à gauche, et elle a recommencé à manger (*figure 16*).

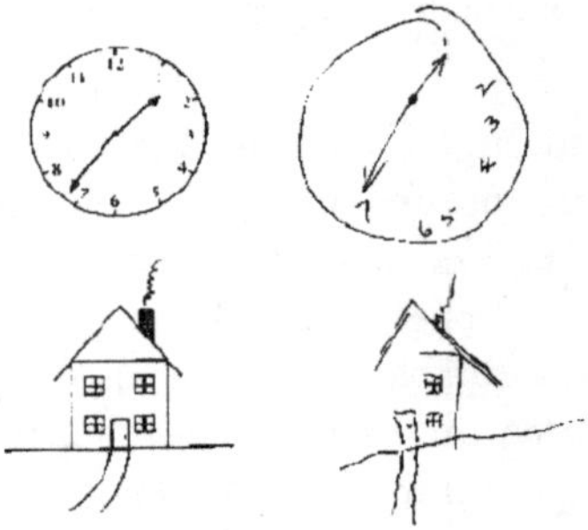

Figure 16 : Copie de dessins par un patient qui néglige le côté gauche du modèle.

Sait-on si les patient négligents, lorsqu'ils imaginent quelque chose, voient dans leur tête un monde sans côté gauche ?

C'est le cas, du moins chez certains patients. Comment s'en apercevoir ? Admettons que le patient connaisse bien Paris. Vous lui demandez de fermer les yeux et de s'imaginer sur la place de la Concorde au pied de l'Obélisque, face au jardin des Tuileries, et de décrire tout ce qu'il voit en imagination autour de lui. Il vous parlera de la Seine, de la Chambre des députés, qu'il imagine à sa droite, mais il ne va pas vous dire un mot de l'église de la Madeleine, qui se trouve à sa gauche. Maintenant, vous lui demandez d'imaginer qu'il se tourne sur lui-même, et qu'il regarde en direction des Champs-Élysées. Il vous parlera de la Madeleine et de l'hôtel Crillon, qui se trouvent en imagination à sa droite, et négligera de vous parler de la chambre des Députés, qui se retrouve à sa gauche.

Qu'est-ce qui provoque la négligence de la moitié gauche de l'espace ?

Le plus souvent, ce sont des lésions du lobe pariétal droit qui donnent une négligence du côté gauche de l'espace. Des lésions pariétales gauches donnent parfois des négligences droites, mais elles sont en général moins graves et moins durables. On pense qu'il y a dans chaque lobe pariétal une carte de la moitié opposée du monde, une carte qui permet d'orienter l'attention vers les endroits saillants ou importants de l'espace opposé. Si une de ces cartes est détruite, l'attention ne peut plus s'orienter vers le côté correspondant.

Mais l'image de tout ce qui se passe du côté gauche, dont les patients négligents n'ont pas conscience, entre pourtant dans leurs yeux, et donc dans leur cerveau. Que devient cette information négligée ? Est-elle complètement perdue ?

En 1988, John Marshall et Peter Halligan ont montré à une patiente négligente deux images de maisons, une maison normale et une autre dont la moitié gauche était en feu. La patiente négligeait la moitié gauche des maisons ; lorsqu'on lui demandait si les deux maisons étaient semblables, elle répondait toujours « oui », sans prendre conscience de l'incendie d'une des maisons. Pourtant, si on lui demandait de choisir la maison dans laquelle elle préférerait habiter, elle ne choisissait presque jamais la maison en flammes, sans bien pouvoir dire pourquoi. L'image de l'incendie, négligée, n'arrivait pas jusqu'à sa conscience, mais entrait malgré tout dans son cerveau de façon subliminale, suffisamment pour influencer ses choix. Nous pouvons être influencés par des choses que nous avons regardées sans les voir, sans en avoir conscience.

Et un patient négligent peut-il... se négliger lui-même ?

Je vous ai dit qu'un patient pouvait négliger de raser la moitié gauche de son visage, mais il y a d'autres phénomènes très étranges, plus ou moins apparentés à la négligence, et qui concernent le corps lui-même ou, plutôt, là encore, la moitié gauche du corps. Ainsi, certains patients qui sont hémiplégiques, paralysés de la moitié gauche du corps, n'en ont simplement pas conscience. Je me souviens d'une patiente, alitée, totalement paralysée du côté gauche, qui m'expliquait qu'elle était à l'hôpital parce qu'elle était fatiguée, qu'elle avait mal dans le dos, mais que, non, elle n'était pas paralysée.

Comme si ce côté paralysé n'était plus à elle ?

Outre qu'ils méconnaissent leur paralysie, ces patients peuvent aller jusqu'à croire que la moitié de leur corps ne leur appartient purement et simplement pas. J'ai pris la main gauche paralysée de cette même patiente et je la lui ai montrée, en lui demandant si c'était sa main. Elle m'a aussitôt répondu que cette main n'était pas à elle, mais à moi. Elle l'a d'ailleurs empoignée avec sa main droite en me menaçant : « Je vais vous casser les doigts ! » Il y a des patients qui, en découvrant la moitié gauche de leur corps, se plaignent qu'on a installé quelqu'un d'autre, ou même un cadavre, à côté d'eux, dans leur lit. Mais nous abordons là des phénomènes qui dépassent le domaine de l'attention et qui révèlent un bouleversement des images que nous avons, dans notre cerveau, de notre propre corps.

Justement, nous allons tout de suite discuter des fantômes de notre propre corps qui hantent notre cerveau…

Croyez-vous aux fantômes ?

On pense d'habitude que les fantômes sont l'affaire de la parapsychologie. Nous allons voir que c'est aussi une affaire de neuropsychologie. Plus sérieusement, il s'agit de ce qu'on appelle les « membres fantômes ». Quand quelqu'un subit l'amputation d'un bras ou d'une jambe, il peut avoir l'impression que son membre amputé est toujours là. Est-ce un phénomène exceptionnel ?

Non, c'est très fréquent, presque tous les patients qui subissent une amputation accidentelle ou chirurgicale perçoivent à un moment ou à un autre un membre fantôme. Ça peut toucher n'importe quelle partie du corps. On a décrit dans la littérature médicale des dents fantômes, des seins fantômes, des nez fantômes et même des sexes fantômes.

C'est sûrement une sensation très étrange, mais est-ce désagréable ou pénible d'être accompagné d'un fantôme ?

Malheureusement, dans plus de la moitié des cas, le fantôme fait mal, voire très mal. Les patients ressentent alors des démangeaisons, des brûlures, des crampes, parfois insupportables, dans le membre qu'ils ont perdu. C'est plus anecdotique, mais il peut aussi y avoir une gêne liée à la position du fantôme. Un patient avait ainsi l'impression que son bras amputé se trouvait levé à 90 degrés sur le côté ; chaque fois qu'il devait passer une porte, il avait le réflexe de se tourner de profil pour permettre au fantôme de passer sans encombre. Parfois, le fantôme se trouve dans une position impossible et inconfortable, par exemple les orteils repliés sous la plante du pied.

Un membre fantôme reste-t-il immobile ou a-t-on l'impression qu'il bouge ?

Cela dépend. Parfois le bras est immobile, comme paralysé, mais d'autres fois les patients ont l'impression qu'il bouge de lui-même, tout seul. Il arrive aussi, assez rarement, qu'ils puissent contrôler le mouvement du bras : ils imaginent qu'ils le font bouger, et ils ont en effet l'impression qu'il se déplace comme ils le souhaitent.

Est-ce que ces fantômes ont la vie longue ? Comment évoluent-ils dans le temps ?

C'est très variable. Parfois le fantôme ne dure que quelques jours ou quelques semaines après l'amputation, mais souvent il est plus coriace et persiste des années, éventuellement toute la vie. Et, parfois encore, avec le temps le fantôme ne disparaît pas mais se transforme. Assez souvent, il raccourcit de façon télescopique, de sorte que, s'il y a une amputation en haut du bras, les années passant le patient a l'impression que son bras fantôme se raccourcit progressivement, et ressent finalement une main fantôme accrochée directement à l'épaule.

Ce bras, à la fois absent et présent, où se trouve-t-il en réalité ? Dans la tête du patient ?

Si vous me demandez dans quelle position est mon bras gauche à cet instant, je peux vous dire qu'il est plié à 90 degrés au niveau du coude, que mon poignet est étendu, que je fais une boucle avec le pouce et l'index, etc. Je peux répondre à votre question parce qu'il y a dans mon cerveau ce qu'on appelle un « schéma corporel », un ensemble de cartes du corps qui sont tenues à jour en permanence à partir de l'information que mes nerfs envoient au cerveau concernant la position et le mouvement des membres. Ce schéma corporel reçoit aussi de l'information visuelle, c'est-à-dire ce que mes yeux me disent sur la position de mon propre corps.

Et que se passe-t-il quand un membre est amputé ?

Sans même parler d'amputation, dès que, pour une raison ou une autre, le cerveau cesse de recevoir des informations d'une partie du corps, il y a un problème. Le schéma, l'image du corps qu'il possède ne correspond plus à la réalité. Pendant des anesthésies péridurales, par exemple lors d'un accouchement, il y a assez souvent des phénomènes de jambes fantômes. Les femmes ont l'impression de sentir leurs jambes dans des positions bizarres, alors qu'elles sont complètement anesthésiées et proprement allongées. Le cerveau n'est plus informé de ce qui se passe réellement et hallucine ces positions bizarres.

La même chose se produit quand il y a une amputation ?

Si, du jour au lendemain, vous perdez un bras, votre schéma corporel, dans votre cerveau, continue néanmoins d'avoir un bras. Les neurones qui habituellement recevaient l'information en provenance du bras ou pilotaient ses mouvements sont toujours là et vous donnent donc l'impression que votre bras lui aussi est toujours là. Ces neurones ne reçoivent plus d'informations authentiques en provenance du membre, mais parfois des signaux bizarres envoyés pas les nerfs coupés dans le moignon. Ils produisent alors les sensations anormales dont nous avons parlé, en particulier des douleurs.

À la longue, que deviennent ces neurones qui normalement s'occupaient du bras et qui ne servent plus à rien après l'amputation ?

La persistance d'un fantôme pendant de longues années suggère que ces neurones continuent à représenter plus ou moins fidèlement le membre disparu. Mais, comme ils ne reçoivent plus d'information du membre absent, ils deviennent disponibles pour s'occuper d'autres parties du corps. Par exemple, après l'amputation d'une main, la région du cortex qui normalement représente la main est « colonisée » par celle du visage, qui est contiguë, et en profite pour s'étendre. Si vous touchez le visage, vous allez donc activer la région qui autrefois ne s'occupait que de la main. C'est pour cela que, si vous touchez le moignon d'un bras amputé, il arrive que le patient ait l'impression que vous touchez son visage ! Le schéma corporel est plastique, il peut se transformer avec le temps. Ce sont probablement des transformations du même genre qui expliquent que souvent un bras fantôme rétrécit comme un télescope avec le temps, la main se retrouvant suspendue à l'épaule. L'imagerie cérébrale permet d'ailleurs de voir ce raccourcissement télescopique. Si l'on demande à des patients amputés du bras d'imaginer qu'ils font bouger leur main fantôme, on observe des activations de la région du cortex qui s'occupe normalement de la main, du coude ou de l'épaule, selon que les patients ressentent leur main fantôme comme attachée à sa place normale, à leur coude ou à leur épaule.

On pourrait dire que le fantôme est un souvenir du membre perdu ?

Si l'on veut, mais ce n'est pas seulement un souvenir personnel. Je m'explique. Il arrive que des gens naissent avec un ou plusieurs membres manquants. Et parfois ils ont des sensations de membres fantômes, alors que ce sont des membres qu'ils n'ont jamais eus. Par exemple, une femme née sans bras ni jambes a été étudiée de façon très détaillée par une équipe suisse. Elle avait toujours eu l'impression de « sentir » des bras et des mains, des jambes et des pieds. Cela suggère que nous venons au monde avec, dans le cerveau, un schéma corporel précâblé. Il peut ensuite être modifié en fonction des expériences vécues. Ce schéma corporel inné est d'ailleurs fort utile dès la naissance. Un nouveau-né est parfaitement capable de porter ses mains à sa bouche. Ça n'a l'air de rien, mais cela suppose tout de même que ce bébé sache exactement où se trouvent ses mains et sa bouche (*figure 17*) !

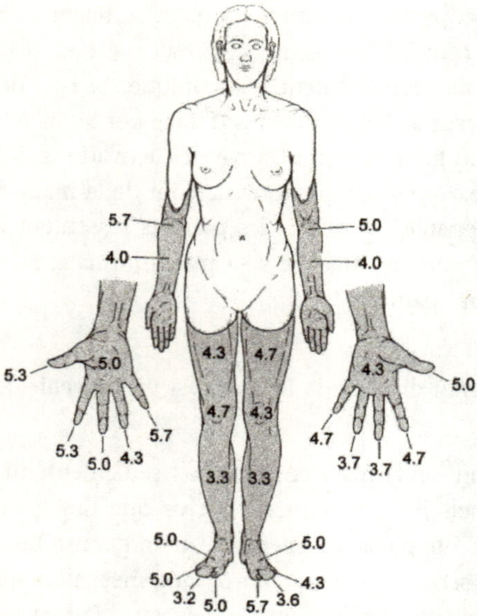

Figure 17 : Cette femme née sans bras ni jambes ressentait la présence de membres fantômes, avec une vivacité indiquée ici par des chiffres (7 = vivacité maximale) (Brugger *et al.*, 2000).

Existe-t-il des traitements contre les douleurs des membres fantômes ?

Les douleurs fantômes sont très difficiles à traiter, et de nombreux types de médicaments, des stimulations électriques, entre autres, ont été essayés. Laissez-moi vous décrire un système ingénieux qui semble donner des résultats, au moins dans quelques cas. Imaginez que je sois amputé du bras gauche. Mon cerveau continue d'avoir une image de ce bras, que je ressens comme un fantôme. Mais cette représentation cérébrale du bras ne reçoit plus aucune information de l'extérieur, il s'y passe n'importe quoi, ce qui peut donner naissance à des douleurs. Il faudrait récupérer un contrôle sur le fantôme. L'astuce imaginée par V. Ramachandran consiste à placer devant moi un miroir, de sorte que j'y voie le reflet de mon bras droit, mais que je le voie à l'endroit où se trouvait autrefois mon bras gauche (*figure 18*).

J'ai alors l'impression visuelle d'avoir de nouveau un bras gauche. Ensuite je bouge mon bras droit. Et j'ai l'impression de voir bouger mon bras gauche. Si un amputé fait cela, il a rapidement l'impression que c'est son bras fantôme dont il arrive à contrôler le mouvement, en l'obligeant à faire ce qu'il fait effectivement avec son bras intact. Il récupère ainsi un certain contrôle sur le membre fantôme. Il semble que cela s'accompagne souvent d'une réduction des douleurs. Un patient avait l'impression que sa main amputée était bloquée dans une sorte de crampe douloureuse et permanente. Avec la technique du miroir, il a pu progressivement « ouvrir » et libérer sa main fantôme.

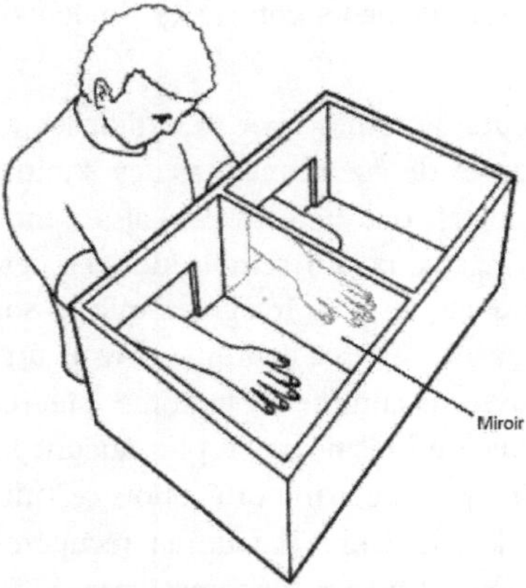

Figure 18 : Faire bouger l'image de son bras droit dans un miroir donne au patient un contrôle sur le fantôme de son bras gauche amputé.

J'ai l'impression que les membres fantômes soulèvent une question assez effrayante. Nous percevons notre bras amputé uniquement parce que notre cerveau abrite une image de ce bras, alors que nous ne recevons évidemment aucune sensation « réelle ». Qu'est-ce qui nous dit que ce n'est pas la même chose avec nos autres sensations, et que nous ne baignons pas dans une vaste hallucination ?

Il est vrai que ce que nous percevons ne dépend pas seulement de ce que nos yeux, nos oreilles et notre peau nous apprennent du monde extérieur. Cela dépend aussi beaucoup de ce que notre cerveau croit, attend et cherche. Nous allons tout de suite visiter une galerie d'hallucinations de toutes sortes. Espérons que le sol ne va pas se dérober sous nos pieds…

J'hallucine !

Dans l'esprit de Monsieur Tout-le-monde, « hallucination » rime avec « folie ». Je vois ou j'entends des choses qui n'existent pas, donc je suis fou.

C'est tout à fait normal de voir et d'entendre des choses qui n'existent pas. D'un côté, il est vrai que notre cerveau doit nous donner une image fidèle du monde extérieur, mais, d'un autre côté, notre capacité de création, d'invention, d'adaptation, exige aussi que nous puissions nous souvenir du passé, nous projeter dans l'avenir, imaginer les conséquences possibles de nos actes, etc. Et, de fait, nous passons une grande partie de notre temps à nous projeter dans des mondes imaginaires, à fabriquer les scénarios les plus variés, avec les images, le son, les émotions, le mouvement, le décor, etc. Je vois des choses qui n'existent pas, mais attention !, ce ne sont pas des hallucinations pour autant.

Où est donc la limite entre une hallucination et l'imagination « normale » ?

C'est difficile à dire. Il me semble qu'il y a deux manières de passer du monde de l'imagination normale à celui des hallucinations. La première, c'est de fabriquer trop d'images, des images sauvages, incontrôlées, qui s'imposent à nous d'une façon irrésistible. La seconde, c'est de ne plus nous rendre compte que les images normalement produites par notre imagination proviennent de notre propre esprit, et de croire qu'elles proviennent du monde extérieur.

Avez-vous des exemples de ces deux types d'hallucinations ?

Oui, mais laissez-moi d'abord remarquer que ces deux mécanismes sont l'affaire de deux professions différentes. En général, les hallucinations par surproduction d'images résultent d'une hyperactivité de régions du cerveau responsables de la vue ou de l'audition, et sont causées par des maladies cérébrales qui sont l'affaire des neurologues comme moi. Les exemples que j'ai rencontrés personnellement sont donc plutôt de ce genre. Nous parlerons plus tard du second type d'hallucinations, qui sont plutôt du ressort des psychiatres.

Un homme d'une trentaine d'années est venu me consulter parce qu'une semaine plus tôt il avait ressenti tout à coup une impression de malaise et des maux de tête. Il était allé ouvrir la fenêtre pour faire entrer de l'air et, à son plus grand étonnement, il avait vu flottant en l'air au-delà de la fenêtre, trois étages au-dessus du sol, un visage. Ce visage, immobile, était resté visible quinze à vingt secondes avant de disparaître. Il ne s'agissait pas de n'importe quel visage, mais de celui d'un de ses amis, avec lequel il avait rendez-vous vers cette heure-là, rendez-vous qui avait été annulé *in extremis*. Le patient m'expliqua que j'étais le premier à qui il faisait part de cette hallucination, et que, craignant qu'elle ne le croie fou, il m'interdisait absolument d'en parler à sa femme.

Quelle interprétation peut-on donner de cette brève aventure ?

L'hallucination s'est produite à l'instant où s'est formé un petit hématome cérébral, hématome révélé aussi par les maux de tête. Il était localisé dans le lobe temporal de l'hémisphère droit, dans une région dont nous avons parlé plusieurs fois, qui est spécialisée dans la reconnaissance des visages. La formation de l'hématome a probablement provoqué une brève crise épileptique, une sorte de décharge électrique parasite dans cette région, suscitant cette hallucination en l'absence de tout visage réel dans le monde extérieur.

Et pourquoi ce visage plus qu'un autre ?

Peut-être la pensée récente de l'ami avec lequel il avait rendez-vous se maintenait-elle juste sous le seuil de la conscience, n'attendant qu'un petit surcroît d'activation pour resurgir.

Dans cet exemple, il s'agissait d'une toute petite hallucination, juste un visage. Mais les hallucinations peuvent être beaucoup plus riches.

Il y a ce qu'on appelle le « syndrome de Charles Bonnet ». Il touche invariablement des personnes âgées souffrant de sévères affections des yeux (glaucome, décollement de rétine, etc.). Une patiente, ancien professeur d'université, m'avait raconté que la première bizarrerie à laquelle elle avait assisté avait été le décollage de ses carottes râpées qui avaient quitté son assiette pour se fixer au plafond. Par la suite, elle avait vu un troupeau de bœufs sortir des jardins du Sénat. Traversant Paris en voiture, il lui avait semblé voyager dans les décors d'un film médiéval, avec chevaliers en armure, châteaux à tourelles, etc. Alors même que nous discutions, elle m'avoua qu'elle voyait mon visage se couvrir à vue d'œil d'une longue barbe noire et luisante.

Comme chez le patient précédent, ces images incroyables sont produites par un cortex visuel déchaîné ?

D'une façon générale, ce sont les mêmes régions qui servent à voir et à imaginer des scènes, à entendre et à imaginer des sons, à bouger et à imaginer des mouvements, etc. Dans le syndrome de Charles Bonnet, le cortex visuel est comme « libéré » du contrôle du monde réel du fait de troubles oculaires sévères, et ses productions spontanées prennent par moments une précision et une force inquiétantes.

Selon la même logique, on s'attendrait à ce que des personnes sourdes puissent éprouver des hallucinations auditives...

C'est bien le cas. Des personnes sourdes peuvent avoir des hallucinations musicales très riches, entendre des chœurs ou des orchestres, des chansons familières, des aboiements de chien, etc. On considère cela comme un équivalent auditif du syndrome de Charles Bonnet.

Dans les deux exemples que nous venons de voir, les hallucinations viennent du système visuel ou du système auditif, qui ne fonctionnent pas normalement, qui fabriquent sauvagement des images ou des sons et les imposent à notre conscience. C'est ce que vous avez appelé des hallucinations « pour neurologues ». Les hallucinations auxquelles ont affaire les psychiatres sont-elles du même genre ?

C'est assez différent. Le plus souvent, il s'agit de patients psychotiques qui entendent des voix leur parler, leur donner des ordres, ou qui se sentent envahis et pilotés par des pensées qui ne leur appartiennent pas. D'ailleurs, on enseigne aux étudiants en médecine à se méfier lorsqu'un patient dit « psychiatrique » commence à avoir des hallucinations visuelles. Celles-ci peuvent être l'indice d'une lésion cérébrale associée, indépendante de la maladie psychiatrique.

Et connaît-on le mécanisme de ces hallucinations-là ?

Il est parfaitement normal qu'on se parle à soi-même dans son for intérieur. Je peux me dire en moi-même : « Allez ! Dépêche-toi ! Tu vas être en retard à ta consultation. » Ou bien c'est quelqu'un d'autre qui peut me dire exactement ces mêmes mots. Dans les deux cas, la même phrase résonnera dans ma tête. Heureusement, je suis capable de faire la différence, d'attribuer ces paroles soit à moi-même, soit à autrui. Ce qui se passe chez les patients qui entendent des voix, c'est justement qu'ils font des erreurs d'attribution de leurs pensées et de leurs paroles intérieures. Ils ne les reconnaissent pas comme venant d'eux-mêmes, ils ont donc la sensation d'être habités par des voix étrangères. Inutile de le dire, les voix viennent évidemment d'eux-mêmes. D'ailleurs, si l'on enregistre les vibrations des cordes vocales de patients pendant qu'ils entendent des voix, on s'aperçoit que ces voix, ils les murmurent eux-mêmes à bas bruit.

Mais comment est-il possible de ne pas s'apercevoir qu'on est soi-même en train de parler ?

Il faut commencer par se demander comment quelqu'un de bien portant fait pour distinguer entre les conséquences de ses actes et les conséquences d'événements extérieurs, et voir ensuite comment ce système peut tomber en panne. Imaginez que vous soyez assis dans le métro, les yeux dans le vague. Vous sentez tout à coup une main se poser franchement sur votre cuisse. Vous allez probablement sursauter et vous tourner brusquement pour voir qui se permet cette familiarité. Sauf… si c'est votre propre main qui s'est posée sur votre cuisse. Dans ce cas, vous n'allez pas sursauter du tout, vous n'aurez probablement même pas conscience de ce contact soudain. La raison en est qu'au moment où vous avez commandé à votre main de se poser sur votre cuisse votre cerveau a prédit que vous alliez ressentir ce contact main-cuisse. Comme votre perception a parfaitement correspondu à la prédiction, elle a pu être attribuée à votre propre mouvement. Il n'y a donc aucune surprise et aucune raison de s'alarmer.

Donc, quand ce que nous percevons correspond exactement aux conséquences prévisibles de notre action, nous n'imaginons pas que quelqu'un d'autre soit intervenu, et nous ressentons cette action comme la nôtre.

Exactement. Notons au passage que la perception des conséquences de nos actions n'a souvent en elle-même aucun intérêt, comme dans le cas de notre propre main se posant sur notre cuisse. Ce système de prédiction permet d'effacer, au moins d'atténuer, ces sensations prévues... et donc inutiles. C'est pourquoi on ne peut pas se chatouiller soi-même !

Je vous demande pardon ?

L'idée est qu'un chatouillis efficace exige que la sensation soit justement imprévisible. Si nous nous chatouillons nous-même, nous savons exactement à quelle sensation nous attendre en fonction de nos mouvements de chatouillement. Aucune surprise, donc aucun chatouillis. Il y a dix ans, une équipe anglaise de pointe a publié dans la prestigieuse revue *Nature* une étude en IRM fonctionnelle portant sur le mécanisme du chatouillis. Pour les besoins de la cause, ils ont inventé un dispositif permettant de se chatouiller la main gauche avec la main droite... Entre autres, ils ont trouvé que la zone du cortex qui réagit aux stimulations de la peau s'active moins quand nous nous chatouillons nous-même que quand nous sommes chatouillé par autrui.

Nous sommes partis des hallucinations, et nous voici aux chatouilles. Comment tout cela permet-il de comprendre pourquoi les schizophrènes entendent des voix ?

Comme nous venons de le voir, nous ressentons une action comme la nôtre lorsque les sensations qui résultent de cette action correspondent aux sensations que nous avions prévues. Souvenez-vous de la main posée sur la cuisse dans le métro. L'hypothèse est que les schizophrènes n'arrivent pas à faire cette comparaison entre sensations perçues et sensations prévues. Ils n'ont donc pas l'impression normale que leurs actions leur appartiennent. C'est notamment vrai dans le cas de la parole. Si les mots qu'ils s'entendent prononcer ne correspondent pas à ce qu'ils prévoyaient, ils ont l'impression que cette voix n'est pas la leur !

Et comment réagissent les patients qui se sentent envahis par des voix ?

Nous essayons toujours de donner un sens à ce qui nous arrive. Au bout d'un certain temps, les patients imaginent une interprétation pour cette perte de contrôle sur leurs propres pensées, paroles et actions, phénomène sans doute terrifiant. Ils attribuent alors leurs voix au diable, aux voisins, à la CIA ou aux extraterrestres, selon les interprétations que leur suggèrent leur histoire personnelle, leurs références culturelles ou d'autres facettes de leur délire. J'ai discuté récemment avec une patiente chez qui se produisait un phénomène un peu similaire, mais qui ne portait pas simplement sur la voix. Elle voyait très souvent près d'elle une femme (en réalité inexistante), qui l'accompagnait quand elle faisait ses courses, qu'elle retrouvait dans son salon, qui surgissait à tout instant dans sa vie. Comme je lui demandai à quoi ressemblait cette femme si envahissante, elle m'expliqua que l'intruse lui ressemblait comme deux gouttes d'eau, et qu'elle s'arrangeait pour toujours s'habiller comme elle. À son retour de chez le coiffeur, la patiente avait été frappée de voir que son double avait exactement la même nouvelle coupe de cheveux. Je lui demandai naturellement qui, selon elle, pouvait être cette femme qui lui ressemblait tant. Elle pensait qu'il s'agissait probablement de sa demi-sœur, qui apparemment était venue s'installer près de chez elle, peut-être à la suite de déboires conjugaux… Nous voyons en permanence notre corps, parfois notre visage dans un miroir et, normalement, il est évident que ces images appartiennent à notre moi. Je suppose que, lorsqu'elle pensait voir sa demi-sœur, c'est elle-même qu'elle voyait, mais sans le savoir, sans s'attribuer la propriété des images d'elle-même. Ensuite, elle rationalisait ce phénomène en construisant un scénario impliquant une demi-sœur importune. D'ailleurs, il arrivait que la patiente, devant un miroir, s'adresse à son reflet comme si celui-ci était cette fameuse sœur (dont je ne sais pas si elle existait réellement)…

Transformation et création d'images, de sons, de voix, membres fantômes, la richesse des inventions de notre cerveau est sans fin… Nous allons voir maintenant que même les frontières entre les formes, les sons, les couleurs, les odeurs, ne sont pas aussi étanches qu'on le pense.

Rouge comme 5,
bleu comme 3 :
êtes-vous synesthète ?

Une des choses que la neurologie a bien montrées, c'est que les différentes régions du cerveau sont spécialisées. Notamment pour la perception du monde qui nous entoure : ce sont des systèmes différents qui analysent ce que nous voyons, ce que nous entendons, ce que nous touchons, etc. Arrive-t-il que ces limites se brouillent et que les sens se confondent et se mélangent ?

Il y a des vers célèbres de Baudelaire qui parlent de cela :

« Les parfums, les couleurs et les sons se répondent.
Il est des parfums frais comme des chairs d'enfants,
Doux comme les hautbois, verts comme les prairies… »

Techniquement, cela s'appelle des « synesthésies ». C'est le fait qu'une stimulation dans une modalité donnée entraîne une perception dans d'autres modalités.

Des exemples concrets, à part chez les poètes ?

Il y a toutes sortes de variantes de synesthésies. Entre autres, le fait de ressentir un goût dans la bouche en entendant des mots. Un homme expliquait par exemple qu'entendre le mot « prison » lui donnait immédiatement l'impression d'avoir dans la bouche un morceau de lard froid et dur, ou que les mots comportant beaucoup de sons « k » provoquaient un fort goût d'œuf. Ce sont apparemment les sons composant les mots qui importaient et non tellement leur sens. Il y a des choses un peu moins étranges, comme voir des couleurs en entendant des sons ou de la musique.

Ce sont donc toujours des mélanges entre différentes modalités de perception ?

On range aussi des choses plus abstraites parmi les synesthésies. Il y a des gens qui se représentent les nombres organisés sur une sorte de ligne géométrique à la forme parfaitement stable et précise. Quand ils pensent à des nombres, ils voient immédiatement où chacun est placé sur cette sorte de guirlande mentale. Ils vous diront par exemple que, pour eux, les chiffres de 1 à 10 forment une petite boucle, sur la droite, dans le sens des aiguilles d'une montre, puis que les nombres s'alignent vers la gauche, avec quelques zigzags entre 100 et 120. Ils peuvent même s'en servir plus ou moins pour s'aider à calculer (*figure 19*).

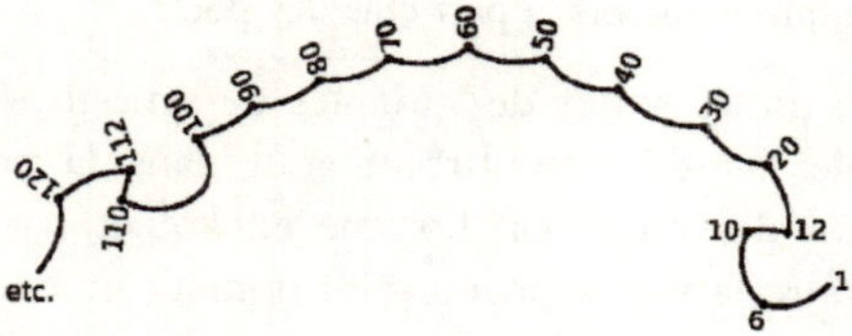

Figure 19 : Certains synesthètes voient les nombres disposés dans l'espace dans des positions bien précises le long d'une sorte de guirlande imaginaire.

Ce sont des phénomènes assez étranges, mais est-ce pathologique, est-ce une maladie ?

Absolument pas. Cela concerne peut-être quelques pourcents de la population, des gens tout à fait bien portants. Beaucoup de synesthètes n'en parlent pas, tout simplement parce qu'ils croient que tout le monde est comme eux ! C'est assez souvent un phénomène familial. Par exemple, le grand écrivain Vladimir Nabokov, mais aussi sa mère et son fils, avaient ou ont des synesthésies. Les synesthésies ont été sérieusement étudiées par des psychologues de la fin du XIXe siècle, puis elles ont été rétrogradées au rang de bizarreries. Elles sont redevenues un sujet de recherche passionnant en neurosciences depuis quelques années.

Et que montre la recherche moderne sur les synesthésies ?

Prenons un exemple qui est sans doute celui qui a été le plus étudié ces dernières années. Certains synesthètes, lorsqu'ils voient des chiffres ou des lettres imprimés, ont l'impression qu'ils sont colorés, alors qu'ils sont écrits en noir. Pour une personne donnée, un caractère a toujours la même couleur, par exemple le 2 est toujours rouge, le 5 toujours vert, etc.

En entendant une chose pareille, on a envie de se demander si ces gens perçoivent réellement le 5 en vert, comme quand nous voyons un objet qui est vraiment vert, ou s'ils racontent des histoires. Peut-on vérifier d'une façon objective la réalité des synesthésies ?

On pourrait en effet imaginer qu'ils racontent des histoires, ou que simplement le 5 les fait juste penser à la couleur verte parce que, quand ils étaient petits, ils avaient un T-shirt vert avec un 5 dessiné dessus. Mais on peut prouver objectivement qu'ils voient réellement les chiffres colorés. Imaginez que je vous montre une page pleine de 5, avec un 2 perdu parmi les 5, et que je vous demande de trouver ce 2. Comme le 2 et le 5 se ressemblent beaucoup, le 2 ne va pas vous sauter aux yeux, vous devrez prendre le temps d'inspecter systématiquement toute la page de 5 pour trouver le 2. Si vous faites la même expérience avec un synesthète, il va répondre beaucoup plus facilement et beaucoup plus vite qu'un sujet normal : le 2 va immédiatement lui sauter aux yeux parmi les 5, non du fait de sa forme, mais comme un objet rouge dans un champ d'objets verts. Ce genre d'expérience prouve qu'il s'agit véritablement d'une perception colorée authentique provoquée par les chiffres ou les lettres (*figure 20*).

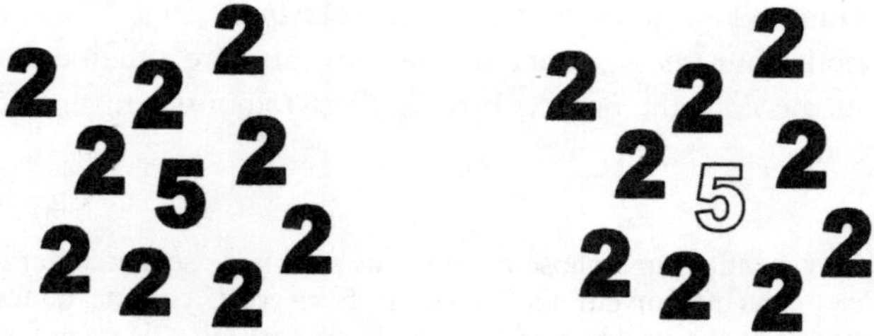

Figure 20 : Un 5 perdu parmi des 2 sautera aux yeux d'un synesthète en se distinguant par sa couleur, alors que le commun des mortels devra laborieusement inspecter les chiffres à la recherche du 5.

Reste la question de savoir pourquoi tel chiffre se trouve associé à telle couleur. Pourquoi, chez un synesthète donné, le 5 est-il vert ?

D'une façon générale, on n'en sait rien. Quelques observations exceptionnelles suggèrent que l'expérience personnelle joue un rôle, au moins dans certains cas. Chez une jeune femme synesthète, les couleurs des lettres présentaient une curieuse régularité : toutes les six lettres, la même couleur revenait. Par exemple, le A lui semblait rouge, de même que le G, qui se trouve six lettres plus loin dans l'alphabet, de même encore que le M, le S et le Y, tous espacés de six lettres. Devant l'étonnement des chercheurs, cette femme s'est souvenue que, dans son enfance, trente ans plus tôt, elle possédait un alphabet de lettres magnétiques colorées qu'elle collait sur la porte du réfrigérateur de ses parents. Il lui semblait que les couleurs de cet alphabet étaient les mêmes que dans sa synesthésie. Il se trouve que ses vieux parents ont retrouvé ce jeu dans leur grenier, et, en effet, la correspondance était quasi parfaite !

Sait-on ce qui se passe dans le cerveau pendant la perception d'une lettre qui apparaît revêtue d'une couleur hallucinatoire ?

On a montré en IRM fonctionnelle que, chez les synesthètes (et non chez les sujets dits « normaux »), la vue de chiffres écrits en noir active les régions cérébrales qui servent à percevoir les couleurs, en plus bien sûr des régions normales servant à la reconnaissance des chiffres. Il se trouve que ces deux régions sont très proches dans le cerveau, sur la face inférieure du lobe temporal gauche. On soupçonne donc que les synesthésies sont dues à une anomalie de câblage, à des connexions « en trop » qui persistent entre ces deux régions, ce qui expliquerait une communication excessive d'un système à l'autre et la contamination d'une sensation par une autre.

Avez-vous une histoire personnelle de synesthésie à nous raconter ?

Une histoire assez extraordinaire. J'ai reçu il y a quelques années une lettre d'un homme qui m'y parlait de sa mère, alors très âgée. Je n'ai malheureusement pas eu l'occasion de rencontrer cette dame en personne, mais voici son histoire. Depuis son enfance, plus exactement depuis qu'elle avait appris à lire, quand quelqu'un lui parlait, non seulement elle entendait les mots comme tout un chacun, mais en plus elle les voyait écrits, en l'air, à environ 10 centimètres à côté de la bouche de son interlocuteur. Quand elle était enfant, elle pensait que c'était tout à fait normal et n'en avait parlé à personne. Quand elle s'est rendu compte qu'elle était la seule de son genre, elle a préféré ne pas en parler, de peur de passer pour une folle. C'est à l'âge de 90 ans qu'elle a décidé que l'opinion des gens lui était bien égale, et qu'elle en a parlé à son fils et à son médecin de famille.

A-t-on l'explication de ce phénomène ?

Il y a quelques cas rarissimes de ce genre décrits dans la littérature scientifique. L'explication n'est pas claire, mais ce que je vous ai dit de façon générale des synesthésies s'applique peut-être ici. Nous avons tous une connaissance de l'orthographe, de la forme écrite des mots, ainsi que de leurs sons. Ces deux genres de connaissances communiquent normalement entre elles, puisque nous pouvons écrire un mot que nous entendons ou lire à haute voix un mot que nous voyons écrit. Ce qui se produit chez cette femme, c'est une sorte de communication excessive, incontrôlable, hallucinatoire, qui fait que l'image s'impose automatiquement à la vision sous une forme anormalement vive. Comme pour les autres synesthésies dont nous avons parlé, on peut imaginer des connexions anormales entre les systèmes cérébraux où sont stockés les sons des mots et leur image écrite. C'est une hypothèse que nous n'avons pu confirmer. Pour finir, à mon tour de vous poser une question. La figure ci-après représente deux formes. L'une s'appelle Bouba et l'autre s'appelle Kiki. À votre avis, laquelle est laquelle (*figure 21*) ?

Figure 21 : De l'avis général, Kiki est à gauche
et Bouba est à droite

Aucun doute, Kiki est à gauche et Bouba est à droite !

C'est la réponse que donnent plus de 95 % des gens interrogés. On a l'impression que des formes arrondies vont bien mieux avec des sons arrondis comme dans Bouba, et que des formes pointues vont mieux avec des sons pointus comme dans Kiki. Le problème, c'est que les sons n'ont en réalité aucune forme géométrique particulière, qu'ils ne sont ni ronds ni pointus. Nous avons une sorte de synesthésie « normale » qui nous fait établir qu'on le veuille ou non un lien entre sons et formes, entre vision et audition. On ne sait pas vraiment pourquoi les sons de Bouba sont « arrondis ». Peut-être est-ce parce que la position de la bouche et des lèvres est plus arrondie lorsqu'on prononce certains sons (comme OU). Il y a d'un côté le système moteur et sensoriel, qui place la bouche dans une configuration arrondie et perçoit cette forme arrondie, et de l'autre côté le système auditif qui perçoit les sons. On peut imaginer une sorte de lien entre ces deux systèmes, qui communiquerait aux sons produits par une bouche arrondie un parfum psychologique de rondeur.

Tout cela a l'air assez spéculatif…

En effet, mais quelle que soit l'explication exacte, les enjeux soulevés par Bouba et Kiki se comptent en milliards de dollars ! Les publicitaires savent bien que le nom qu'ils vont donner à un nouveau médicament, une nouvelle voiture, un nouveau fournisseur d'accès à Internet, que ce nom va avoir un impact important sur le succès du produit. Dans la conception d'un nom, on prend en compte les associations de sens avec d'autres mots. Par exemple, Intel fait penser à… intelligence, électronique, etc. Mais on prend aussi en compte la qualité émotionnelle supposée des sons, avec des correspondances entre « a » et grandeur, « i » et petitesse, « z » et vitesse, etc.

Finalement, si les synesthésies nous sont d'abord apparues comme des aberrations de la nature, elles ne correspondent peut-être qu'à une exagération des correspondances multiples que notre cerveau établit normalement entre sens, images, modalités différentes.

Peut-on lire dans les pensées ?

Même si nous ne croyons pas à la télépathie, dans la vie de tous les jours, nous passons notre temps à lire dans les pensées des autres. Quand j'écoute ce que vous me dites, quand j'interprète l'expression de votre visage, la direction de votre regard ou les gestes de vos mains, cela me permet de savoir plus ou moins quelles sont vos pensées. Mais y a-t-il moyen de lire « directement » dans les pensées, de savoir ce que pense quelqu'un qui ne dit rien et qui ne bouge pas ?

L'imagerie fonctionnelle cérébrale, dont nous avons déjà parlé plusieurs fois, permet de voir les événements qui se déroulent dans le cerveau pendant que nous pensons. Potentiellement, si nous arrivons à décoder ces images assez finement, cela devrait nous ouvrir la possibilité de « lire les pensées » autrement qu'en les devinant à partir du comportement visible (*figure* 22).

Figure 22 : Le médecin place la tête de son patient dans un four pour en faire sortir les idées morbides. Ces pensées, rendues visibles par ce précurseur de l'IRM fonctionnelle, sortent du four comme de petites figures (Mathaeus Greuter, 1564-1638).

Est-ce juste une possibilité théorique ou peut-on déjà le faire ?

Nous pouvons déjà décoder certaines pensées, mais pas très bien, et seulement dans le cadre d'expériences assez simples. On ne peut absolument pas projeter sur un écran en cinémascope les pensées qui vous traversent en ce moment. Prenons un exemple : il y a dans le cerveau des régions qui servent à reconnaître les objets que nous regardons. Comme nous l'avons vu, au sein de ces régions, il y a de petites zones spécialisées pour tel ou tel type d'objet. Par exemple, il y a une région qui s'active fortement quand nous voyons des visages, et une autre quand nous voyons des bâtiments, etc. Imaginez que vous soyez allongé dans une machine d'IRM, et que je vous montre alternativement et au hasard des images de visages et de maisons. Chaque fois que vous verrez une maison, la région des maisons s'activera et, inversement, quand vous verrez un visage, c'est la région des visages qui s'activera. D'ailleurs, il se passe la même chose si, au lieu de vous montrer des images, je vous dis simplement : « Pensez au visage de Marilyn Monroe, à celui de Jacques Chirac, à votre maison, à la Tour Eiffel », à toutes sortes de visages et de bâtiments. Quelqu'un qui va étudier après coup vos activations cérébrales pourra dire si à tel instant vous étiez en train de voir, en réalité ou en imagination, une maison ou bien un visage. C'est bien de la lecture dans les pensées.

Mais les images du cerveau ne nous disent pas à quelle maison ou à quel visage en particulier j'étais en train de penser ?

En effet, mais je pense que ce n'est pas une impossibilité de principe. Ainsi, certaines régions cérébrales forment une sorte de carte du monde extérieur. En inspectant la forme des activations sur ces cartes, on peut avoir une idée, encore assez grossière, des formes que vous êtes en train de voir. C'est par exemple facile de savoir si une tache que vous voyez est située en haut ou en bas, à droite ou à gauche. On peut aussi avoir des indications sur la forme grossière de ce que vous voyez, si c'est un anneau ou un triangle. Par exemple, si vous montrez à quelqu'un une image de domino avec un certain nombre de points à droite et à gauche, la seule étude de ses activations cérébrales permet de déterminer assez bien quel domino il est en train de regarder.

Mais ce n'est toujours pas assez précis pour savoir exactement à quel objet je pense.

Bien sûr, mais on commence à pouvoir décoder des caractéristiques assez fines des images mentales. Par exemple, il est possible de déterminer, toujours à partir des images d'activation cérébrale, si quelqu'un est en train de voir des lignes penchées vers la droite ou penchées vers la gauche, s'il est en train de voir des objets qui se déplacent dans un sens ou dans l'autre. Donc les choses n'en sont qu'à leur début, mais il n'y a pas d'impossibilité de principe à ce qu'on puisse reconstruire de plus en plus précisément les images de la pensée.

Peut-on lire dans le cerveau non seulement des images, mais aussi ce que vous avez l'intention de faire, vos actions futures ?

Chaque fois que, par exemple, vous bougez la main droite, le mouvement lui-même est la conséquence visible d'une série de processus cérébraux qui s'étalent au moins sur des centaines de millisecondes. Prenons un exemple simple : vous avez un bouton dans la main droite et un bouton dans la main gauche, et je vous demande d'appuyer sur ces boutons, parfois à droite et parfois à gauche, dans l'ordre que vous voulez. Si je mesure dans votre cerveau la préparation invisible de l'action, je pourrai prédire sur quel bouton vous allez appuyer avant même que vous ayez fait le moindre mouvement. C'est logique : votre mouvement est nécessairement la conséquence d'une série de processus cérébraux qui ont lieu avant que le mouvement ne soit réalisé, et ce sont ces processus que l'imagerie peut mesurer. Mais on peut faire encore plus fort et lire vos intentions avant même que vous n'en ayez conscience (*figure 23*) !

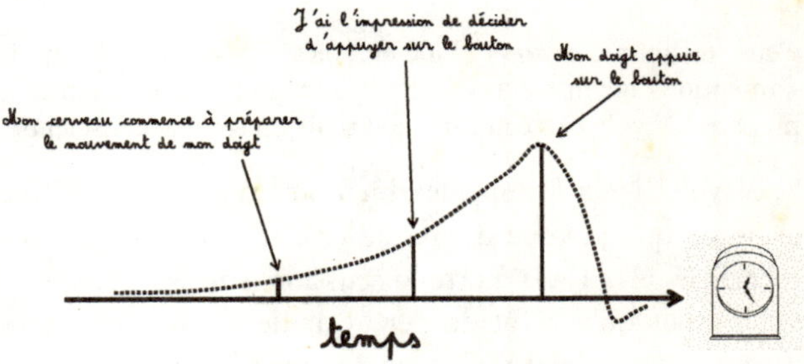

Figure 23 : Il est possible d'enregistrer la préparation d'une action par notre cerveau avant même que nous ayons conscience de notre décision.

Vous voulez dire que l'imagerie peut prédire ce que je vais faire, alors que je ne le sais pas moi-même ?

Exactement. Reprenons l'expérience des deux boutons, sur lesquels vous appuyez absolument quand cela vous chante : au moyen d'une pendule spéciale, on a demandé à des sujets d'indiquer à quel moment précis ils avaient pris la décision d'appuyer sur un bouton ou sur l'autre. Cet instant se situait environ 350 millisecondes avant que leur doigt ne bouge effectivement. En même temps, on enregistrait l'activité électrique dans le cortex contrôlant les mouvements. Le point remarquable, c'est que la préparation du mouvement de la main qui va bouger commence près d'une demi-seconde *avant* l'instant où nous prenons conscience de notre décision. Autrement dit, à l'instant où vous avez l'impression de décider de bouger la main droite, le mouvement de cette main est déjà en préparation depuis une demi-seconde.

Cette technique permet donc de mesurer objectivement des « intentions inconscientes », des actions qui sont en train de se préparer dans le cerveau sans que nous en soyons conscients.

Si vous vous le rappelez bien, ce n'est pas le premier exemple que je vous donne de ce déchiffrage de pensées inconscientes. Dans notre discussion sur les visages, je vous disais qu'il suffit de percevoir de façon subliminale, inconsciente, l'image d'un visage terrifié pour que nos amygdales s'allument. Nous ne nous en rendons pas compte, mais l'imagerie permet de le voir.

En pratique, on voudrait bien pouvoir lire dans les pensées de notre voisin, mais pas pour savoir s'il pense à un visage ou à une maison, ou s'il va appuyer sur un bouton ou un autre. C'est pour connaître ses pensées cachées, celles dont il ne veut pas parler, par exemple pour savoir s'il dit la vérité ou s'il ment. Les images du cerveau peuvent-elles dire si quelqu'un ment ?

Comment étudier le mensonge ? J'ai deux cartes à jouer, par exemple l'as de pique et la dame de cœur. Vous me montrez ensuite une série de cartes (uniquement des as de pique et des dames de cœur), et je dois dire pour chacune de ces cartes si je l'ai ou non. Or je mens une fois sur deux. Quand vous me montrez un as de pique, je dis la vérité, « je l'ai », mais, quand vous me montrez une dame de cœur, je mens, je vous dis : « Je ne l'ai pas. » Cette expérience a été faite récemment en IRM, et il y a en effet un réseau cérébral, en particulier dans les régions frontales du cerveau, qui s'active plus quand je mens que quand je dis la vérité. En examinant les activations de ces régions, dans le cadre précis de cette expérience, il est possible de deviner dans près de 90 % des cas si le sujet est en train de mentir ou non. Le mensonge laisse sa signature dans l'activité cérébrale.

Dans l'exemple que vous venez de nous donner, le détecteur fonctionne bien parce que la situation est extraordinairement simple et que les participants jouent le jeu sans essayer de tromper la machine. Mais ce genre de détecteur de mensonge sophistiqué ne peut pas être pour l'instant appliqué à des situations réelles, criminelles ou autres. On sait d'ailleurs que le détecteur de mensonges classique des films policiers ne donne pas de résultats très probants. Y a-t-il donc des applications utiles de la « lecture des pensées » par l'imagerie cérébrale ?

Parmi d'autres, un type d'application assez évident est le développement d'interfaces homme-machine, de neuroprothèses, permettant par exemple le pilotage de machines « par la pensée ». Disons un mot d'une étude réalisée sur un patient tétraplégique, entièrement paralysé des quatre membres à la suite d'une lésion de la moelle épinière. On a implanté des électrodes dans son cortex moteur, dans la région du cerveau d'où partent les ordres de mouvement. Le signal électrique recueilli par les électrodes, qui reflétait donc son « intention de bouger », servait à piloter un ordinateur. On voit alors ce patient déplacer par la pensée le curseur d'un ordinateur et jouer à un jeu vidéo. On le voit aussi commander un bras de robot qui tient un petit objet, le déplace et le lâche dans la main d'un assistant.

Voilà donc un système qui non seulement « lit dans les pensées », mais aussi transforme les pensées en actions !

La mémoire perdue d'un hippocampe

Les problèmes de mémoire sont un peu comme le mal de dos. C'est une sorte de mal du siècle. Énormément de gens se plaignent de leur mémoire et parmi eux beaucoup, même s'ils sont authentiquement gênés, n'ont pas de maladie du cerveau au sens neurologique du terme. Mais les troubles de la mémoire sont aussi parfois les premiers signes de maladies, comme la maladie d'Alzheimer ou d'autres. Comment peut-on y voir plus clair ?

Je vais commencer par vous raconter l'histoire d'un homme très célèbre dans le monde des neurosciences, mais qui n'est connu que par ses initiales, H. M. Il est né dans le Connecticut, en 1926. Il est mort il y a peu, en décembre 2008. À l'âge de 10 ans, il a commencé à souffrir de crises d'épilepsie, qui sont devenues de plus en plus invalidantes avec le temps. Lors de ces crises, il perdait brutalement connaissance, tombait par terre, et ce malgré l'essai de tous les médicaments antiépileptiques disponibles à l'époque. Une crise d'épilepsie est une décharge électrique parasite qui embrase simultanément des millions ette décharge part d'une région précise du ouvent dans un lobe temporal. Quand elle se diffuse à l'ensemble du cerveau, le patient perd connaissance, tombe, et il est agité de mouvements convulsifs.

Comme les médicaments ne donnaient aucun résultat, qu'est-ce que les médecins ont proposé à H. M. ?

À 27 ans, en 1953, il est allé consulter un neurochirurgien, le Dr Scoville, qui lui a proposé une opération, alors franchement expérimentale, consistant à retirer une partie de la face interne des deux lobes temporaux, incluant une région particulièrement importante, appelée « hippocampe ». Ce nom vient simplement du fait que cette structure, vue en coupe, a la forme en spirale de ce petit poisson. Cette intervention a été bénéfique, dans la mesure où, par la suite, H. M. n'a plus fait qu'environ deux crises d'épilepsie par an (*figure* 3).

C'est donc un succès ?

Jusqu'à un certain point… Immédiatement après l'opération, on s'est aperçu que la mémoire de H. M. avait pour ainsi dire cessé de fonctionner. Alors qu'il était encore à l'hôpital, dans les jours suivant son opération, il était incapable de reconnaître les infirmières et les médecins qui s'occupaient pourtant de lui quotidiennement, il n'arrivait pas à mémoriser le chemin pour aller aux toilettes, etc. Dans la nouvelle maison où ses parents et lui ont déménagé quelques mois après l'opération, il tondait la pelouse presque tous les jours, mais sa mère devait chaque fois lui redire où la tondeuse était rangée. Il faisait et refaisait le même puzzle jour après jour, relisait les mêmes magazines, sans s'en souvenir et donc sans s'en lasser (*figure 24*).

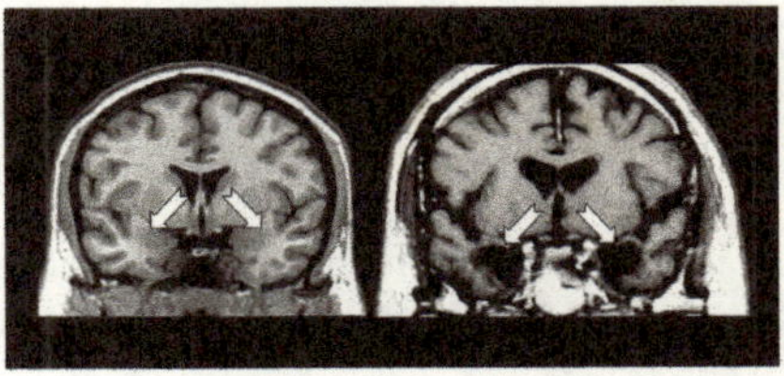

Figure 24 : Les flèches (image de droite) indiquent les trous correspondant à la région retirée chirurgicalement chez H. M., et où se trouvent les hippocampes dans un cerveau normal (image de gauche).

Peut-on dire que toute sa mémoire avait été effacée par l'opération ?

Justement non, pas du tout. Ses souvenirs anciens, constitués suffisamment longtemps avant l'opération, étaient intacts. Ce qu'il ne pouvait pas faire, c'était constituer de nouveaux souvenirs. C'est assez spectaculaire : je me souviens d'avoir vu un patient souffrant d'un état amnésique du même genre. Ce n'était pas la conséquence d'une intervention chirurgicale hasardeuse, mais c'était dû à des excès alcooliques et à la dénutrition. Je suis allé le voir dans sa chambre d'hôpital. Je lui ai demandé depuis combien de temps il était là et il m'a répondu : « Deux ou trois jours », alors qu'il était chez nous depuis un mois.

Les jours écoulés s'évanouissaient de sa mémoire au fur et à mesure. Cet oubli était remarquablement rapide. Je suis retourné le voir dans sa chambre un quart d'heure après l'avoir quitté. « — Bonjour Monsieur. — Bonjour docteur. — Nous nous sommes déjà vus ? — Non, jamais. »

Revenons à H. M. Pourquoi est-il tellement célèbre, puisque vous dites qu'il y a beaucoup d'autres patients amnésiques ?

H. M. a inauguré un demi-siècle de recherches intensives sur la mémoire et ses mécanismes chez l'homme et chez l'animal. H. M. lui-même, qui est resté amnésique, a continué de participer comme sujet à ces recherches, jusqu'à ces dernières années. Pourquoi ? Son cas a montré de façon spectaculaire que la mémoire des événements vécus, qu'on appelle « mémoire épisodique », repose sur des mécanismes bien à part et qu'on peut perdre cette mémoire sans perdre son intelligence, sa maîtrise du langage, etc. Ce cas chirurgical a aussi montré que la face interne des lobes temporaux est essentielle pour ce type de mémoire. Il a encore montré que la mémoire des événements est bien distincte d'autres formes de mémoire, qui restaient intactes chez H. M.

Il y a donc plusieurs types de mémoire, à côté de la mémoire épisodique des événements vécus ?

La mémoire épisodique fait partie de la mémoire à long terme : vous pouvez garder jusqu'à la fin de vos jours le souvenir d'une belle soirée de printemps. À côté de la mémoire à long terme, il y a ce qu'on appelle la « mémoire à court terme ». Elle permet de maintenir présente à l'esprit une information pendant quelques instants. Par exemple, se souvenir d'un numéro de téléphone le temps de trouver un stylo pour le noter. Cette mémoire a une capacité bien limitée. Si je vous donne une liste de chiffres ou de lettres dans le désordre, et que je vous demande de me les répéter aussitôt, vous devriez y arriver si la liste n'excède pas trop sept chiffres. Au-delà, la mémoire à court terme déborde… Quoi qu'il en soit, point n'est besoin d'hippocampes pour cette mémoire immédiate – H. M. n'avait pas de problèmes pour répéter tout de suite de petites listes de mots. D'ailleurs, preuve supplémentaire que la mémoire à court terme et la mémoire à long terme sont bien distinctes, certains patients sont l'exact opposé de H. M. Je me souviens d'un patient, éminent professeur de musique, chez qui la mémoire à court terme était réduite au point qu'il ne pouvait répéter, aussitôt entendues, que des listes de… deux chiffres au maximum. Inversement, il se souvenait sans peine du menu de son dîner de la veille.

On dit que, quand on sait faire du vélo, ou nager, ça ne s'oublie pas. C'est donc aussi une partie de la mémoire à long terme. Pourtant, c'est très différent de la mémoire des épisodes vécus. On peut savoir faire du vélo sans se souvenir des bleus et des bosses qu'on s'est faits en apprenant. C'est donc encore un autre genre de mémoire ?

En effet, et les patients amnésiques comme H. M. n'oublient pas ce genre de souvenirs, qui sont plutôt des savoir-faire. Il y a une chose encore plus remarquable, c'est que les patients amnésiques peuvent très bien acquérir de nouveaux savoir-faire. Par exemple, un patient amnésique peut apprendre à taper à la machine, de mieux en mieux au long de ses séances d'entraînement. Au bout du compte, il se trouve alors savoir taper à la machine tout en ayant entièrement oublié où, quand et comment il a appris.

Donc, la principale conséquence de la destruction des hippocampes semble être l'impossibilité de former de nouveaux souvenirs des événements de notre vie ?

Ce n'est pas une question réglée, mais l'idée est la suivante. Le souvenir de mon petit déjeuner de ce matin est une sorte de bouquet de petits fragments : l'image d'un croissant, l'odeur du café, le bruit de la radio, les titres du journal, etc. Ces fragments sont dispersés un peu partout dans l'espace du cerveau, c'est l'hippocampe qui les réunit et les maintient ensemble. Comme le montre l'exemple présenté dans la figure, en cas de lésions des hippocampes, les patients mélangent des fragments de différents souvenirs. À la longue, le souvenir se consolide, et les fragments établissent entre eux des liens qui n'ont plus besoin des hippocampes. C'est pourquoi H. M. conservait les souvenirs établis longtemps avant son opération : ce qui lui était arrivé des années auparavant, ses connaissances encyclopédiques sur le monde (ce que c'est qu'une montre, quelle est la capitale des États-Unis), alors qu'il n'arrivait pas à en créer de nouveaux (*figure 25*).

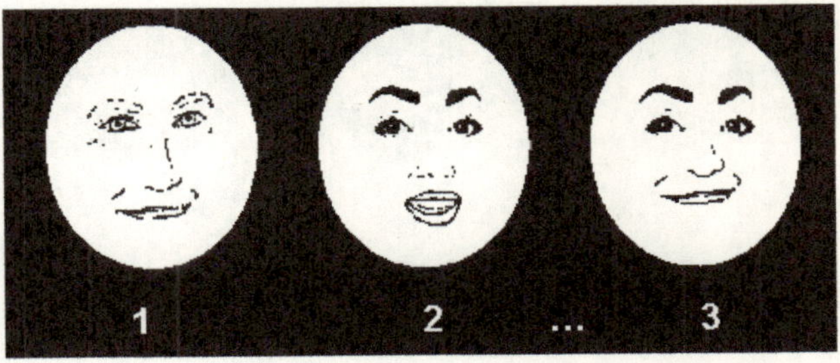

Figure 25 : Le visage 3 est une combinaison de morceaux des visages 1 et 2. Des patients hippocampiques qui ont vu les visages 1 et 2 ont tendance à dire : « Je l'ai vu ! » quand on leur montre le visage 3 (Kroll *et al.*, 1996).

En bref, H. M. était incapable de construire de nouveaux souvenirs des événements de sa vie, mais il garde ses souvenirs anciens et reste capable d'apprendre des savoir-faire comme monter à vélo ou taper à la machine. L'histoire chirurgicale de H. M. est heureusement très exceptionnelle, mais les problèmes de mémoire sont, eux, très courants.

En effet. La maladie de la mémoire dont on entend le plus parler est sans doute la maladie d'Alzheimer. C'est une maladie qui, sauf exception, touche des gens assez âgés, et, comme nous vivons de plus en plus vieux, les patients sont donc de plus en plus nombreux (*figure 26*).

Est-ce que ce sont les mêmes systèmes cérébraux qui sont atteints dans la maladie d'Alzheimer et chez H. M. ?

Il y a un recoupement très clair. La face cachée des lobes temporaux, en particulier les hippocampes, qui ont

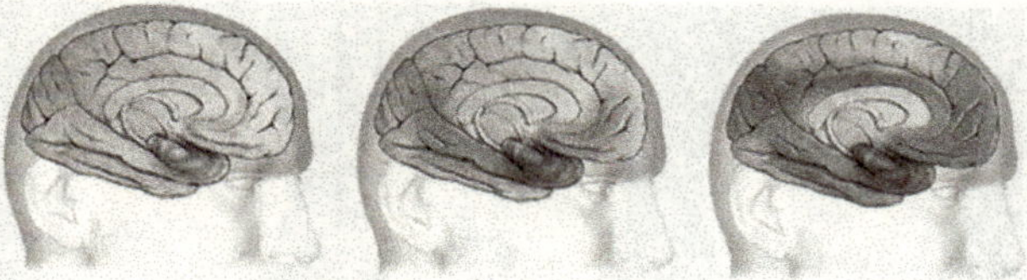

Figure 26 : Les lésions de la maladie d'Alzheimer s'étendent progressivement à partir de l'hippocampe, ce qui explique la précocité des troubles de la mémoire (www.alzheimer.ca).

été détruits chirurgicalement chez H. M., est le point de départ de la maladie d'Alzheimer. Des lésions microscopiques, qu'on appelle des dégénérescences neurofibrillaires, s'accumulent d'abord dans la région de l'hippocampe. C'est pour cela que les problèmes de mémoire sont en général les premiers à donner l'alerte. Ensuite, les années passant, les lésions vont se diffuser progressivement à d'autres régions du cortex et apporter malheureusement toutes sortes d'autres problèmes touchant le langage, les gestes, l'orientation, etc.

Mais cela ne signifie pas forcément : « problèmes de mémoire = maladie d'Alzheimer » ?

Bien sûr que non. Par exemple, parmi les gens que je vois en consultation et qui se plaignent de leur mémoire, beaucoup sont jeunes, et leurs problèmes sont souvent le reflet d'un état de stress, de dépression, de troubles du sommeil, etc. Dans toutes ces circonstances, ce ne sont pas les hippocampes qui sont en cause. Fabriquer et récupérer efficacement des souvenirs est un processus actif, qui demande attention et effort. Si vous êtes épuisé et accablé de soucis, vous aurez du mal à porter votre attention sur les tomates, le pain et le shampooing, et à mémoriser la liste des courses à faire. Ce défaut d'attention vous gênera aussi pour faire l'effort de fouiller et d'explorer votre mémoire à la recherche de souvenirs qui s'y trouvent, mais qui ne sont pas immédiatement disponibles. Les mécanismes d'organisation et d'exploration actives des souvenirs reposent sur l'avant des lobes frontaux plutôt que sur les hippocampes. Les problèmes de mémoire qui sont un effet secondaire de difficultés psychologiques passagères rentrent dans l'ordre quand on émerge de l'angoisse, de la dépression, de l'épuisement. Il y a aussi beaucoup de gens plus âgés qui voient leur mémoire baisser un peu et qui consultent avec derrière la tête l'inquiétude d'une éventuelle maladie d'Alzheimer. Heureusement, il ne s'agit souvent que d'un fléchissement réel mais bénin de la mémoire, qui ne débouchera pas à terme sur cette maladie d'Alzheimer. Dans le doute, le plus sûr est de consulter son médecin, qui aidera à faire la part des choses !

Dormir pour apprendre, ou les aventures du rat somnambule

Nous passons bien le tiers de notre temps à dormir et, pourtant, la question de l'utilité réelle du sommeil est encore loin d'être claire. En tout cas, quand nous envoyons nos enfants se coucher, c'est avec l'idée que, s'ils ne dorment pas assez, ils auront des problèmes pour apprendre en classe. Est-il vrai qu'on a besoin de dormir pour avoir une mémoire qui fonctionne ?

Oui, le sommeil joue un rôle réel pour consolider des souvenirs récemment acquis. La consolidation, c'est la phase qui vient après que vous avez par exemple vu ou entendu quelque chose, la phase pendant laquelle ce souvenir, qui est d'abord fragile, se... consolide, ce qui lui permet de ne pas s'évanouir et d'être récupéré ultérieurement. Acquisition, consolidation, récupération : ce sont les trois phases de la mémoire.

Alors, comment sait-on que le sommeil est important pour consolider un souvenir ?

Par exemple, j'apprends à des sujets à associer des paires de mots sans rapport : si je leur dis « chien », ils doivent répondre « goudron », si je leur dis « pastille », ils doivent répondre « jonquille », etc. Ils apprennent toute une liste comme cela. Puis certains vont dormir et d'autres non. Douze heures plus tard, je leur fais apprendre une autre liste de paires de mots du même genre, pour semer la confusion. Puis je les teste sur la première liste apprise douze heures plus tôt. Les sujets qui n'ont pas dormi se mélangent les pinceaux : ils sont très gênés par la seconde liste, qu'ils ont apprise récemment, ils me donnent des mots de la seconde liste alors que je les interroge sur la première.

Et ceux qui ont dormi ?

Ils s'en sortent beaucoup mieux. Ils ont un excellent souvenir de la première liste et ne font pas de confusions avec les mots de la seconde, dont le seul but, je vous le rappelle, était de les induire en erreur.

C'est le sommeil qui est important ou bien les rêves ?

Toutes les nuits, il y a une alternance de deux sortes de sommeil : d'un côté le sommeil REM (pour *Rapid Eye Movements*, car les yeux bougent rapidement), pendant lequel surviennent la plupart des rêves et où le cerveau est presque dans le même état que pendant l'éveil ; et, d'un autre côté, le sommeil « lent », profond, où le cerveau est globalement peu actif. Or c'est surtout ce sommeil lent et profond qui est important pour la consolidation de ce genre de souvenirs, pas tellement le sommeil REM et les rêves.

Sait-on comment se fait cette consolidation des souvenirs ?

Un des mécanismes, c'est que le cerveau repasse les souvenirs pendant le sommeil, ce qui permet à la fois de renforcer leur trace et probablement de les déplacer vers des régions où ils seront stockés de façon plus durable.

Comment peut-on l'étudier ?

Une fois de plus, beaucoup de travaux ont porté sur l'hippocampe. Au-delà de son rôle général dans la mémoire, l'hippocampe a un rôle particulier dans la localisation dans l'espace, dont nous avons déjà parlé à propos du cerveau des chauffeurs de taxi. C'est particulièrement bien compris chez le rat. Il dispose d'un véritable GPS hippocampique, d'une sorte de petite carte du monde sur laquelle il évolue. On peut enregistrer des neurones, qu'on appelle des « neurones de lieu », qui s'activent quand le rat se trouve dans le coin arrière droit de sa cage, d'autres neurones quand il est dans son couloir, d'autres encore quand il se trouve près de la porte, etc.

Donc, en enregistrant ce qui se passe dans l'hippocampe d'un rat pendant qu'il circule dans sa cage, on peut en quelque sorte voir son trajet sur cette petite carte hippocampique.

En effet. Mais revenons à la mémoire. Premièrement, on entraîne un rat à effectuer un trajet donné (le coin, le couloir, la porte, et ainsi de suite) en plaçant des petits bouts de nourriture aux bons endroits pour le motiver. En même temps, on enregistre l'image de ce trajet dans son hippocampe. Puis on envoie le rat se coucher. Et, pendant qu'il dort, on continue à enregistrer son hippocampe. Et que voit-on ? Que l'hippocampe refait le même trajet que le rat parcourait lorsqu'il était éveillé : le coin, le couloir, la porte, etc. Mais, comme il n'a pas besoin de se déplacer réellement, ce circuit mental est parcouru à toute allure, environ dix fois plus vite qu'en réalité.

Et l'on pense que cette répétition du trajet pendant le sommeil joue un rôle dans la mémorisation ?

C'est probable. L'hippocampe n'est pas le seul à faire cette répétition. En même temps, certaines régions de cortex suivent un mouvement identique, peut-être parce que les souvenirs à ce moment se transfèrent d'une certaine façon de l'hippocampe vers le cortex.

Les choses se passent-elles de la même manière chez l'homme ?

On n'a pas enregistré chez l'homme de ces « neurones de lieu » qui codent l'endroit où vous vous trouvez, mais le neuropsychologue Philippe Peigneux et ses collègues ont utilisé l'imagerie fonctionnelle pour faire sur des hommes un équivalent de ce que je viens de raconter à propos des rats. Ils ont entraîné des sujets à s'orienter dans une ville en réalité virtuelle. Puis les sujets sont allés se coucher dans une machine de PET-scan, ils s'y sont endormis, et l'on a pris des images fonctionnelles de leur cerveau pendant le sommeil.

On s'attend à ce que, comme chez les rats, les hippocampes travaillent fortement pendant le sommeil, en répétant les trajets parcourus pendant l'éveil.

C'est ce qu'on a trouvé : plus d'activation dans les hippocampes chez les sujets qui avaient fait la tâche d'orientation avant d'aller se coucher que chez des sujets contrôles. Et cette activation ne se trouvait pas n'importe où dans l'hippocampe, mais précisément dans la région qui servait pendant la navigation dans la ville virtuelle.

Et cette activité cérébrale pendant le sommeil permettait-elle une meilleure mémorisation ?

Il semble que oui. Le sommeil a servi aux sujets : au réveil, ils étaient meilleurs pour circuler dans la ville virtuelle qu'avant d'aller se coucher. Mais, surtout, les sujets qui ont le plus profité de leur sommeil, ceux dont les performances se sont le plus améliorées entre le coucher et le lever, sont ceux qui avaient le plus d'activation hippocampique pendant la nuit. Et, inversement, ceux qui ont le moins progressé pendant leur sommeil sont ceux qui avaient eu le moins d'activation hippocampique.

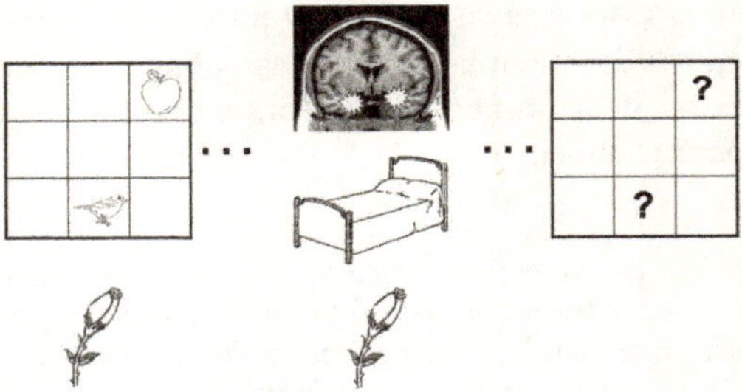

Figure 27 : Présentée pendant le sommeil, l'odeur de la rose réactive les souvenirs auxquels elle est associée, stimule l'hippocampe, et au réveil les souvenirs seront meilleurs (Rasch *et al.*, 2007).

Y a-t-il moyen de forcer ce travail nocturne de l'hippocampe, de dire à l'hippocampe pendant le sommeil : « Révise, renforce tes souvenirs, j'ai un examen important demain matin » ?

Une expérience extrêmement ingénieuse a été réalisée en 2007 par une équipe allemande (*figure 27*). Le soir, ils enseignent à leurs sujets à placer des images sur des cases, à des emplacements précis qu'ils doivent apprendre par cœur (la pomme en haut à droite, l'oiseau en bas au milieu, etc.). Point essentiel, cet apprentissage se fait dans une agréable odeur de rose. Les sujets vont ensuite se coucher et dormir dans une machine d'IRM. Pendant leur sommeil « lent », on leur présente à nouveau l'odeur de rose, bien sûr sans les réveiller. Cela a deux conséquences remarquables. D'une part, on voit leur hippocampe s'activer fortement : sous l'influence du parfum, les hippocampes se sont mis au travail, réactivant inconsciemment les souvenirs associés à ce parfum. D'autre part, au réveil, les souvenirs de l'emplacement des objets seront bien meilleurs que si on ne leur avait pas présenté l'odeur pendant leur sommeil.

Autrement dit, le parfum a réactivé les souvenirs pendant le sommeil, et ce travail inconscient et nocturne de l'hippocampe a produit une meilleure mémorisation. Bref, le fait que les souvenirs repassent dans la tête pendant le sommeil semble bien favoriser leur fixation. Il est donc bien vrai qu'il faut dormir correctement pour que la mémoire fonctionne bien. Ce n'est pas (uniquement) une invention des parents pour envoyer les enfants au lit et passer une soirée tranquille...

Perdu dans le centre commercial

Je voulais vous remercier. Nous nous sommes vraiment bien amusés hier soir au mariage de votre sœur, en haut de la tour Eiffel.

Nous n'avons pas dîné ensemble hier, et vous le savez très bien. D'ailleurs, je n'ai pas de sœur. En revanche, il y a des patients qui racontent de bonne foi des souvenirs entièrement faux, ce qu'on appelle des « fabulations ». Je me souviens d'une patiente qui était à l'hôpital depuis de longs mois et qui m'a affirmé que, quinze jours plus tôt, elle travaillait sur un paquebot transatlantique et que nous nous étions rencontrés là-bas. Elle y croyait. Cela arrive notamment à des patients qui ont une rupture d'anévrysme d'une petite artère placée en dessous de l'avant du cerveau. Non seulement ils ont du mal à former de nouveaux souvenirs, comme monsieur H. M., mais en plus ils en fabriquent de faux.

On aurait envie de dire que la patiente qui vous parlait du paquebot était juste en train de délirer, mais est-ce que cette

espèce de dérapage des souvenirs ne nous dit pas quelque chose sur le fonctionnement des vrais souvenirs ?

En effet, c'est un phénomène qui nous apprend quelque chose de très important sur le fonctionnement normal de la mémoire. Évoquer un souvenir, ça n'a rien à voir avec sortir une photo d'une boîte. Parce qu'il n'y a pas de photos dans votre tête. Si je vous demande de me raconter votre dîner de dimanche dernier, vous allez lancer une vaste enquête dans votre cerveau : où étais-je ? Qui était là ? Qui était assis à quelle place ? Qu'avons-nous mangé ? Et vous allez récupérer des morceaux de souvenir, les assembler. Et puis vous allez vérifier si ça colle. Vous imaginez toute la table, puis vous vous dites : « Mme Machin était partie la veille en vacances, elle ne pouvait pas être là », et vous rectifiez le souvenir. En bref, le souvenir est le produit d'un gros travail de reconstruction.

Mais, même si c'est un processus compliqué, cette reconstruction des souvenirs est normalement fidèle, sauf chez des patients qui fabulent. Quand moi-même, je me souviens de quelque chose, c'est que cela m'est bien arrivé ?

Non. Même chez quelqu'un de bien portant, les souvenirs sont des constructions fragiles, qu'on peut parfaitement modifier et manipuler. Voici une façon de le démontrer : on projette à des gens un petit film représentant une scène de meurtre sur une place publique. Ensuite, à certains d'entre eux seulement, on fait lire un résumé écrit de la scène. Mais ce résumé introduit quelques erreurs. Par exemple, il est écrit qu'une voiture était bleue alors qu'elle était blanche. Un peu plus tard, on les interroge sur le film qu'ils ont vu. On s'aperçoit alors que le souvenir est fortement influencé par le récit qu'ils ont lu. Des témoins ont vu une voiture blanche, ils ont lu qu'elle était bleue, et ils sont ensuite prêts à jurer sur ce qu'ils ont de plus sacré qu'elle était bleue, qu'ils l'ont bien vue comme ça.

Le fait que les souvenirs sont si malléables relativise la confiance qu'on doit avoir dans certains témoignages devant les tribunaux. Mais ce n'est pas parce qu'on peut trafiquer un souvenir, comme la couleur d'une voiture, qu'on peut en créer un de toutes pièces. Si l'on se souvient de quelque chose, c'est qu'il y a bien quelque chose qui s'est passé. Il n'y a pas de fumée sans feu.

Vous vous trompez, il peut y avoir de la fumée sans feu ! On peut implanter un souvenir créé de toutes pièces. Par exemple, on dit à des gens qu'ils vont participer à une expérience de psychologie sur les souvenirs d'enfance. Puis, on leur présente un résumé de quatre petites histoires qui leur sont arrivées dans leur enfance, et qu'on a reconstituées avec l'aide de leur famille. Trois histoires sont vraies, et la quatrième est complètement fausse et inventée de toutes pièces. Par exemple, on leur raconte qu'ils se sont perdus en faisant les courses avec leur mère dans un centre commercial, qu'ils ont été recueillis par une dame, qu'ils ont été ramenés à leurs parents et que tout s'est bien terminé. Au cours de plusieurs entretiens, on leur demande de se rappeler le plus de détails possible concernant cet épisode. Il se trouve qu'une proportion non négligeable de sujets finit par construire un souvenir de cet événement complètement fictif, par y croire fermement et même par y ajouter une foule de détails (je me souviens comme j'ai pleuré en revoyant mes parents, je me souviens que la dame qui m'a aidé était noire et portait des lunettes, je me souviens qu'elle m'a donné un caramel…).

Ce n'est pas un très bon exemple, parce que c'est arrivé à beaucoup d'enfants de se perdre réellement. Comment savoir de façon certaine que ce souvenir de galerie commerciale n'est pas fondé sur un souvenir réel ?

On a vérifié qu'on pouvait implanter des souvenirs non seulement faux, mais tout à fait impossibles. Par exemple, on a convaincu des gens que, lorsqu'ils étaient petits, au cours d'une visite à Disneyland, ils avaient rencontré quelqu'un de déguisé en gros Bugs Bunny, un personnage de chez Warner qui en aucun cas ne peut se trouver à Disneyland !

Et l'on peut croire à un faux souvenir aussi fortement qu'à un vrai ?

Oui, un faux souvenir peut acquérir la consistance d'un vrai et influencer le comportement et les décisions qu'on prend. Par exemple, on a implanté de faux souvenirs d'une intoxication alimentaire subie dans l'enfance. Certaines des victimes de cette manipulation ont délibérément cessé, par prudence, de manger les aliments dont on leur avait fait croire qu'ils les avaient rendues très malades dans leur enfance.

Mais cette possibilité de modifier les souvenirs peut donner l'idée de manipulations effrayantes ?

Je vous recommande sur ce sujet l'excellent film *Total Recall*, dans lequel Arnold Schwarzenegger a la tête remplie de faux souvenirs synthétiques. Dans les années 1980, il y a eu aux États-Unis un phénomène de société très intéressant : une sorte d'épidémie de plaintes déposées pour des abus sexuels subis dans l'enfance. L'histoire était toujours à peu près la même. Des gens allaient consulter un psychothérapeute pour des problèmes psychologiques variés, et affirmaient qu'au cours de la psychothérapie, en particulier grâce à l'hypnose, des souvenirs très anciens et refoulés leur étaient revenus. En général, il s'agissait d'abus sexuels subis dans l'enfance, de souvenirs de participation à des rituels sataniques et autres abominations du même acabit. Des pères, des oncles, des voisins ont été traînés en justice à la suite de plaintes de ce type. Or il s'est avéré que très souvent ces souvenirs étaient purement et simplement faux et avaient été créés, souvent de bonne foi, au cours de l'interaction entre patient et thérapeute. Comme on l'a vu tout à l'heure, une fois que l'idée vous est venue que peut-être quelque chose vous est arrivé, vous pouvez construire un faux souvenir plein de détails, auquel on croit ensuite dur comme fer.

Un vrai souvenir et un faux souvenir, c'est presque la même chose. Dans les deux cas, on se transporte par la pensée dans un ailleurs, que ce soit le passé réel ou un passé imaginé.

Exactement. Il y a un vaste réseau de régions cérébrales, frontales, temporales et pariétales, qui s'active à peu près de la même manière dans plusieurs circonstances apparemment très différentes : quand vous faites fonctionner votre mémoire, quand vous vous projetez dans l'avenir, mais aussi quand vous imaginez que vous êtes à un autre endroit, ou encore quand vous essayez de voir le monde en vous « mettant à la place » de quelqu'un d'autre. Dans tous ces cas, ce circuit cérébral sert à nous projeter hors de notre place dans le monde réel, et à imaginer le monde autour de nous comme si nous étions en un autre temps, un autre lieu, ou dans les habits de quelqu'un d'autre. Finalement, cela fait assez peu de différence que ce monde que vous imaginez ressemble à votre passé réel ou que ce soit une construction imaginaire que vous combinez à partir des petites pièces détachées d'univers que vous avez en stock dans votre cerveau.

Si cela est vrai, on s'attendrait à ce que des pannes de ce système donnent tout à la fois des troubles de la mémoire et des anomalies de l'imagination.

C'est bien le cas. Les hippocampes, dont nous avons souvent parlé, font partie de ce réseau de « projection hors de soi ». On a testé des patients devenus amnésiques à la suite de lésion des hippocampes, comme H. M. que vous connaissez, en leur demandant d'imaginer ce qu'ils allaient faire le lendemain. Ces patients se sont avérés incapables de formuler des projets un tant soit peu détaillés. Les hippocampes, qui servent de « colle » entre des fragments de souvenirs, sont donc nécessaires non seulement pour assembler les souvenirs de faits réels, mais aussi pour imaginer, à partir des fragments de l'expérience passée, une « mémoire de l'avenir ». Et je vous rappelle que nous avons commencé cette discussion en parlant de patients amnésiques fabulants, qui croient dur comme fer aux produits de leur imagination. Chez eux, ce n'est pas un défaut de création imaginaire, mais un manque de contrôle et de regard critique sur ce qu'ils inventent. Ils font un peu moins bien que nous le tri entre leurs rêves et la réalité.

Une mémoire exceptionnelle

Nous voudrions tous avoir une meilleure mémoire. Les étudiants rêvent de mémoriser sans efforts des centaines de pages de polycopiés, les acteurs de théâtre ne voudraient pas souffrir pour ingurgiter des milliers de vers. Nous rêverions d'être « hypermnésiques », comme ces champions qui se produisent sur des scènes de music-hall et qui mémorisent en public des listes de chiffres ou de mots. Est-il possible à n'importe qui d'en faire autant ?

D'abord, voici une information capitale sur la mémoire normale : elle marche en organisant les nouveaux souvenirs et en les rattachant à de plus anciens. Nous allons tout de suite faire un test. Je vais vous énoncer une liste de 12 chiffres, une seule fois, vous devrez les retenir, puis me les rappeler dans une heure : 1-7-8-9-7-5-0-1-2-4-2-1. Il est fort probable que vous soyez complètement perdu. Mais, si vous vous étiez aperçu que ces chiffres forment la date de la prise de la Bastille (1789), puis le code postal du quartier de la Bastille (75012), puis le nom d'un jeu de dés (421), vous n'auriez eu aucun mal à les mémoriser. Au lieu d'avoir 12 chiffres sans queue ni tête, vous les organisez en

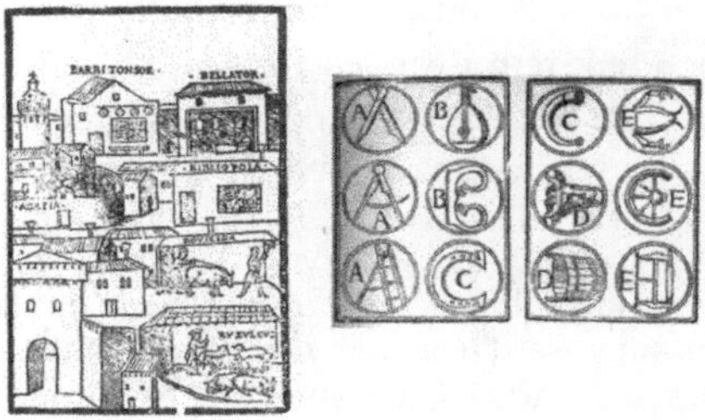

Figure 28 : À la Renaissance, partant de l'idée qu'il est plus facile de se souvenir d'images que de mots, les « arts de la mémoire » proposent des lieux imaginaires où ranger les souvenirs (à gauche), ou des associations entre figures et lettres (à droite) (Johannes Romberch, 1480-1532).

trois paquets de nombres familiers et remplis de sens, faciles à accrocher à vos souvenirs anciens (*figure 28*).

Il est difficile de croire que c'est avec des astuces comme celle-là qu'on peut acquérir une mémoire prodigieuse…

On a montré que n'importe qui, moyennant un entraînement important, peut développer une mémoire prodigieuse. Dans l'Antiquité et à la Renaissance, on avait inventé ce qu'on appelait l'« art de la mémoire ». Le principe en était d'utiliser l'imagination des lieux pour s'aider à mémoriser de grandes quantités d'informations. Pour mémoriser les mots « bassine », « pétrole » et « crocodile », vous imaginez par exemple qu'en entrant chez vous vous mettez les pieds dans une bassine pleine d'eau, puis vous allez à la cuisine, vous glissez et vous vous étalez dans une flaque de pétrole, vous allez ensuite dans la salle de bains et vous découvrez un crocodile nageant dans la baignoire. Pour retrouver les trois mots plus tard, vous repasserez dans votre tête ce trajet, entrée, cuisine, salle de bains, et vous retrouverez la bassine, le pétrole, le crocodile.

Et l'art de la mémoire, c'était un entraînement élaboré de ce genre, qui suppose d'imaginer des palais entiers où stocker d'immenses souvenirs ? Les champions hypermnésiques font-ils comme ça, ou bien ont-ils un don particulier de naissance, une hypermémoire ?

Il y a un championnat du monde de la mémoire qui se tient tous les ans à Londres, où les concurrents rivalisent dans d'invraisemblables performances mnésiques. Des chercheurs en ont sélectionné quelques-uns et leur ont fait apprendre des séries de nombres et des séries d'images abstraites ressemblant à des flocons de neige assez compliqués. Par rapport à des sujets normaux, les champions étaient évidemment excellents pour mémoriser les nombres. Ils ont tous expliqué qu'ils avaient travaillé des années pour développer des stratégies comme la technique des lieux de mémoire dont nous avons parlé. En revanche, pour mémoriser les formes de flocons de neige, les champions n'étaient pas meilleurs que le premier venu. N'ayant pas de stratégie appropriée aux flocons de neige, ils ne pouvaient rien faire de bien remarquable. Leur mémoire n'était donc pas universellement meilleure que celle de sujets normaux (*figure 29*).

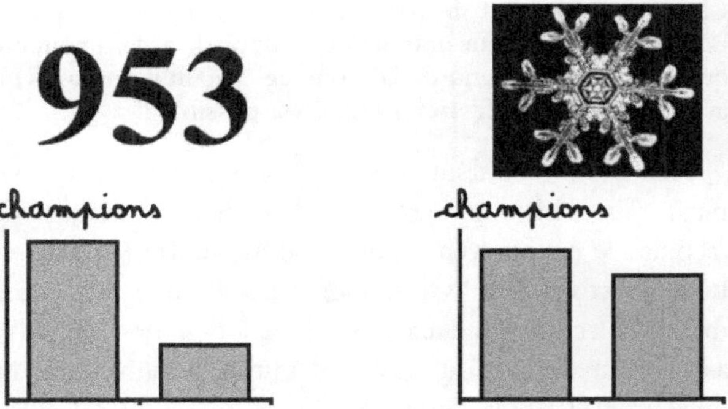

Figure 29 : Les champions de la mémoire surentraînés sont meilleurs que vous et moi pour mémoriser des nombres, mais non pour des formes abstraites (Maguire *et al.*, 2003).

Donc, les cerveaux des champions de la mémoire ne seraient pas foncièrement différents de cerveaux banals ?

En effet, dans la même étude, l'anatomie du cerveau des champions a été comparée à celle de sujets tout-venant : aucune différence n'est apparue. Ça, c'est pour l'anatomie, mais l'imagerie fonctionnelle, visualisant l'activité cérébrale pendant que ces sujets apprenaient leurs listes de nombres, a montré des choses intéressantes. Par rapport aux sujets normaux, les hypermnésiques suractivent les régions cérébrales mises en jeu lors de la navigation dans l'espace. Ces activations seraient le témoignage de leur circulation mentale dans les palais de la mémoire, où ils organisent leurs souvenirs, dans l'entrée, la salle de bains, etc.

Ça manque un peu de romanesque. Il y a une nouvelle de Borges qui parle d'un homme qui n'oubliait absolument rien, qui pouvait se souvenir de la forme de chacun des nuages qu'il avait aperçus le 13 février 1922. C'est possible ?

À ce point sans doute non, mais ce qui s'en rapproche le plus, c'est l'histoire véridique d'un hypermnésique qu'a racontée le neuropsychologue russe Alexandre Romanovitch Luria. C'est un petit livre extraordinaire dont je vous recommande la lecture. En deux mots, il s'agit d'un homme un peu asocial et maladroit, qui travaillait à un poste subalterne dans un journal. Le rédacteur en chef s'est aperçu qu'à la conférence de rédaction du matin, lorsqu'il donnait la liste des choses à faire aux uns et aux autres, tout le monde prenait des notes, sauf lui. Le gaillard semblait avoir une mémoire remarquable. Son rédacteur l'a envoyé se faire tester par le Pr Luria. Et Luria s'est aperçu avec stupéfaction que cet homme avait une mémoire apparemment sans limite. Il pouvait lui faire apprendre des centaines ou des milliers de mots ou de chiffres, qu'il pouvait restituer à l'endroit ou à l'envers, même des mois plus tard.

Comment faisait-il ?

Il utilisait surtout la technique des lieux dont nous avons parlé, il déposait ses souvenirs le long de parcours imaginaires dans sa ville natale. Mais ce qu'il y avait de très spécial, c'est qu'en plus cet homme était synesthète. Il existait des liens très puissants et très anormaux entre ses différents sens. Quand il entendait un mot, cela évoquait en lui immédiatement des sons, des images colorées, des goûts. Et la richesse de ses images mentales faisait qu'il pouvait organiser ses parcours imaginaires dans sa mémoire avec une efficacité incroyable. Je pense que ce mnémoniste-là, et sans doute quelques autres, n'avait réellement pas un cerveau « normal ».

Donc, pour devenir un champion de la mémoire, il faut de l'entraînement, et éventuellement des prédispositions exceptionnelles comme le mnémoniste de Luria. Mais, en mettant de côté ces situations extrêmes, avons-nous les uns et les autres, de naissance, une prédisposition à avoir une plus ou moins bonne mémoire ?

Il y a deux ans, des chercheurs ont étudié un groupe de sujets tout à fait normaux, sur qui ils ont recueilli des échantillons d'ADN, puis fait des tests de mémoire et enfin pris des clichés d'imagerie fonctionnelle cérébrale pendant ces tests. Ils n'ont pas regardé tout l'ADN, mais seulement certains gènes dont on sait qu'ils sont importants chez l'animal pour les mécanismes cellulaires à la base de la mémoire. Or, d'un individu à l'autre, ces gènes présentent de petites variantes. Schématiquement, ces chercheurs ont montré que, selon qu'ils possèdent telles ou telles variantes de ces gènes, les sujets auront un plus ou moins bon niveau dans les tests de mémoire. Donc, il y a une certaine prédisposition génétique, dont on cerne approximativement les mécanismes. La seconde chose qu'ils ont montrée, c'est que des sujets qui ont le « bon profil génétique » ont de plus fortes activations cérébrales pendant qu'ils font fonctionner leur mémoire, notamment dans le fameux hippocampe, dont nous avons souvent parlé, qui est la première région touchée par la maladie d'Alzheimer.

L'effet placebo

Quand un médecin prescrit un médicament, il ne donne pas seulement une petite pilule. La prescription se situe dans un contexte psychologique très riche, qui a une importance considérable pour le succès du traitement. Qu'est-ce que le patient a compris de sa maladie ? À quoi s'attend-il comme effet ? Quelle confiance a-t-il dans le médecin ? Quelle envie a-t-il de guérir ? Et bien d'autres questions encore. C'est ce qu'on appelle « l'effet placebo » au sens le plus large : la part de l'effet d'un médicament qui n'est pas liée directement aux molécules qu'il contient, mais plutôt au contexte psychologique dans lequel le médicament a été prescrit.

Et comment peut-on faire la part des choses, savoir jusqu'à quel point l'effet d'un médicament est lié aux attentes, aux espoirs du patient ?

La seule manière de faire la part des choses, de savoir ce qui est dû à l'effet propre de la molécule qui est dans le médicament et ce qui est dû au contexte, c'est de donner un faux médicament, un produit placebo, dans le même contexte que le vrai médicament, et voir dans quelle mesure il fait de l'effet.

Donc, le mot « placebo » a deux utilisations différentes. D'une part un « produit placebo », qui est le nom qu'on donne à un « faux médicament », et d'autre part l'« effet placebo », qui est la part de l'effet d'un médicament qui est dû au contexte psychologique et non à la nature particulière de la molécule. Mais d'où vient le mot « placebo » ?

Imaginez qu'un patient vienne me voir, souffrant de telle ou telle maladie. Malheureusement, je sais qu'aucun médicament n'est efficace contre cette maladie. Le patient insiste tellement pour que je lui donne quelque chose que je décide de lui faire plaisir et de lui donner des pilules à l'eau de rose qui, au moins, ne lui feront pas de mal. « Je vais faire plaisir », c'est ce que signifie *placebo* en latin.

Est-ce qu'il n'y a pas parfois un parfum d'arnaque, d'escroquerie, quand on parle de placebo ? Pourquoi donnerait-on à des patients de faux médicaments, des pilules qui ne contiennent qu'un peu de sucre et d'amidon ?

Non, prescrire un produit placebo n'est pas en soi synonyme d'arnaque, de mensonge. C'est une question de circonstances. Naturellement, si vous vendez très cher à des gens qui souffrent d'un cancer des pastilles de cachou en leur promettant qu'ils vont guérir, c'est une escroquerie. Mais il y a d'autres circonstances où il est légitime et même indispensable d'utiliser un placebo.

En particulier pour évaluer l'effet d'un nouveau médicament ?

En effet. Si vous pensez avoir découvert un nouveau médicament, avant de le mettre sur le marché, il faut prouver qu'il est efficace. Et, pour le savoir, il faut comparer des patients qui reçoivent ce nouveau médicament et des patients qui ne le reçoivent pas. Mais on ne peut pas juste dire à certains patients : « Vous avez de la chance, on vous donne un traitement », et aux autres patients : « Vous, mon pauvre ami, on ne vous donne aucun traitement. » Imaginez que les patients qui ont reçu le traitement aillent mieux que les autres, on pourrait se dire qu'ils vont mieux simplement parce qu'on leur a donné de l'espoir, ou qu'ils ont tellement envie de guérir qu'ils veulent y croire, ou qu'ils disent qu'ils se sentent mieux pour faire plaisir au médecin.

Donc, il faut donner un traitement à tous les patients, à certains le médicament à tester et à d'autres un produit placebo.

Et il faut bien sûr que les patients ne sachent pas s'ils prennent le traitement ou non. Il est également essentiel que le médecin lui-même ignore quels patients ont le traitement et lesquels ont le placebo. Sinon, il pourrait arriver que le médecin ait tellement envie que le médicament marche qu'il ne puisse pas s'empêcher, consciemment ou non, de juger que les patients qui ont reçu le vrai traitement vont mieux.

C'est ce qu'on appelle un essai en « double aveugle » : ni le patient ni le médecin ne savent si c'est un vrai traitement ou

un placebo qui a été prescrit. Mais vous dites qu'un pur placebo pourrait avoir « un certain effet ». Qu'en est-il en réalité ? Est-ce que les placebos marchent ?

Si vous donnez un placebo au lieu d'antibiotiques à un patient qui a une méningite tuberculeuse, cela ne l'empêchera évidemment pas de mourir. Mais, dans beaucoup d'autres domaines, il y a une véritable efficacité du placebo par rapport à une absence de traitement. Le cas dans lequel l'effet placebo et ses mécanismes ont été le plus étudiés est le traitement de la douleur, mais aussi par exemple la maladie de Parkinson ou la dépression.

Et connaît-on ces mécanismes ?

Si vous donnez un placebo à quelqu'un qui souffre, sa douleur va diminuer. Pourquoi ? Le cerveau produit des substances qu'on appelle « endorphines ». Elles ont pour effet de diminuer la douleur. Si les médicaments à base de morphine marchent, c'est justement parce que la morphine ressemble à ces endorphines et a donc le même effet de réduction de la douleur. Il y a trente ans déjà, on a montré que, si l'on bloque l'effet des endorphines (en donnant un produit qui s'appelle « naloxone »), les placebos n'ont plus d'effet sur la douleur.

Donc, en caricaturant un peu, si votre médecin vous donne un bonbon en vous affirmant que c'est de l'aspirine, les circuits cérébraux de contrôle de la douleur vont se mettre en route, vous allez sécréter des endorphines, et vous allez être réellement soulagé, comme si vous aviez pris de la morphine. Le placebo a donc une action réelle sur les circuits cérébraux du contrôle de la douleur ?

En effet, on peut le voir en imagerie fonctionnelle cérébrale. On a soumis des sujets à un choc électrique douloureux, tout en leur appliquant sur la peau une crème placebo dont on leur a affirmé qu'elle les protégerait de la douleur. Plus l'effet placebo était important, c'est-à-dire plus la douleur était atténuée par cette crème, moins il y avait d'activation dans les régions cérébrales qui codent la douleur.

Y a-t-il d'autres exemples que la douleur ?

Dans la maladie de Parkinson, le cerveau ne produit plus de dopamine en quantité suffisante, ce qui fait que les mouvements sont ralentis, les membres sont raides, et des tremblements apparaissent. Or, si vous donnez un placebo à un patient parkinsonien, vous obtenez un effet favorable sur la qualité de ses mouvements. On a démontré que, lorsqu'on prescrit ce placebo, il se produit dans le cerveau du patient une forte libération de dopamine, qui est justement la substance manquante. Un peu comme dans le cas de la douleur, on voit que le placebo agit effectivement sur le système cérébral concerné, que ce soit le contrôle de la douleur ou le contrôle du mouvement.

Nous n'allons pas entrer plus en détail dans les mécanismes concernés, qui sont encore incomplètement connus et d'ailleurs affreusement complexes. Retenons au moins que l'effet placebo est un composant tout à fait réel de l'effet des médicaments, un effet dont nous ne savons probablement pas encore tirer parti de façon optimale.

Fier comme un judoka aveugle

Le visage, dont nous avons beaucoup parlé, n'est pas le seul à porter des messages destinés à notre entourage. Le corps dans sa totalité est un instrument de communication sociale. Nous allons en voir un exemple… olympique.

Les derniers jeux Olympiques se sont déroulés il y a peu. Pour ceux qui ont suivi les épreuves, quels sont les souvenirs marquants ? Si l'on met de côté le spectacle des épreuves elles-mêmes, il me semble que ce dont on se souvient, ce sont les démonstrations de joie des vainqueurs, et parfois les marques de désespoir des perdants. Je me souviens du judoka français qui faisait la roue après sa médaille de bronze. En tout cas, après une épreuve, les sportifs expriment souvent leur émotion d'une façon très spectaculaire, que les spectateurs décodent très facilement et partagent d'une manière parfois fusionnelle et enthousiaste.

On a l'impression que la manière de manifester sa fierté ou sa déception est universelle : que le sportif soit un homme ou une femme, quel que soit son pays d'origine, quel que soit le sport qu'il pratique, les signes sont-ils les mêmes ?

Lever les bras, serrer les poings, gonfler la poitrine, renverser la tête en arrière, c'est un signe de fierté sans ambiguïté, et, inversement, baisser les bras, rentrer le torse, pencher la tête en avant, est un signe de honte tout à fait clair. Une étude scientifique récente s'intéresse à l'origine de ces manifestations de fierté et de honte. Les auteurs ont utilisé des vidéos des compétitions de judo provenant d'une part des JO de 2004 et d'autre part des jeux Paralympiques de 2004. Autrement dit, des compétitions de judo impliquant des sportifs voyants et des compétitions impliquant des sportifs aveugles. Et ils ont analysé très en détail les gestes que faisaient les vainqueurs et les vaincus à la fin des matchs.

Pourquoi comparer voyants et aveugles ?

L'idée était que les aveugles n'ont jamais vu personne faire les gestes standard exprimant la fierté ou la honte. Si pourtant ils font les mêmes gestes que les voyants, c'est que ces gestes sont innés, qu'on n'a pas besoin de les apprendre par imitation.

Et comment les judokas aveugles se comportent-ils ?

Ils font exactement les mêmes gestes que les judokas voyants, en cas de victoire comme en cas de défaite. Cette

Figure 30 : Des sportifs vainqueurs font les mêmes gestes de triomphe qu'ils soient voyants ou aveugles, des gestes qui ne sont pas sans rappeler ceux de certains de nos cousins.

observation suggère que ce sont des postures universelles, innées, câblées dans le cerveau de l'espèce humaine. D'ailleurs, les facteurs culturels n'avaient pas d'impact sur ce comportement. Les chercheurs ont regardé si les sportifs venaient d'une société plutôt collectiviste ou individualiste, plutôt religieuse ou matérialiste, plutôt orientée vers la satisfaction des besoins fondamentaux ou vers l'expression individuelle : aucun de ces critères n'avait d'influence sur les gestes exprimant la fierté de la victoire ou la honte de la défaite (*figure 30*).

Le geste de triomphe du judoka est une sorte d'équivalent de ce que fait le gorille qui bombe le torse et se tape sur la poitrine. Mais, si ces comportements sont inscrits dans notre héritage biologique, c'est sans doute qu'ils sont utiles à quelque chose. Sait-on à quoi ?

Probablement à faire passer des messages importants aux autres membres du groupe social. Par exemple, pour le vainqueur : « Je suis très fort et vous n'avez pas intérêt à m'attaquer », ou à l'inverse pour le vaincu : « Je me soumets, ne gaspillez pas vos forces à me taper dessus. » On peut imaginer que ce genre de communication, qui évite des conflits inutiles, est profitable à la survie globale du groupe et donc conservé par la sélection naturelle.

Vous dites que ces comportements de triomphe ou de honte sont inscrits dans notre cerveau. Sait-on si ce sont des régions cérébrales particulières qui sont en cause ?

Pour des émotions sociales assez complexes comme la fierté ou la honte, il y a probablement trois groupes de régions qui sont impliquées. Jetons un coup d'œil dans la tête du vainqueur du combat de judo. Même si ce cas précis n'a pas été étudié, on peut imaginer quelque chose comme ceci : premièrement, il y a dans l'arrière du cerveau, dans le système visuel, des systèmes qui sont spécialisés dans l'analyse de la direction des regards, dont nous avons déjà parlé. Le champion va tout de suite détecter que les spectateurs n'ont d'yeux que pour lui. Deuxièmement, ses régions préfrontales, dans l'avant du cerveau, vont faire une analyse abstraite de la situation, de ses implications sociales et autres (« j'ai gagné, je me suis donné un mal de chien pour en arriver là, tout le monde me regarde, je ne les ai pas déçus »). Troisièmement, dans les profondeurs du cerveau, des régions comme l'amygdale vont déclencher tout le programme de la réaction émotionnelle, le sourire, la posture, le cœur qui accélère, la gorge qui se noue. Donc une orchestration compliquée de multiples régions cérébrales.

Comme nous sommes des animaux sociaux, notre cerveau est capable de décoder les innombrables messages que nous envoient nos congénères, que ce soit par la parole, l'expression du visage, les gestes et les attitudes du corps. Mais les relations sociales demandent bien d'autres choses, en particulier la capacité de choisir nos actions selon les principes moraux qui régissent la vie en commun. Voyons maintenant ce qui se passe dans notre tête quand nous sommes broyés par un dilemme moral…

Le cerveau et la morale : ne ratez pas le train

Je vais vous raconter une histoire horrible, puis vous poser une question. Imaginez que vous soyez à côté d'une voie de chemin de fer. Vous voyez un train qui arrive à toute vitesse. Et vous voyez aussi qu'un peu plus loin sur la voie il y a cinq personnes qui ne voient pas le train arriver et qui vont être écrasées, sauf si vous faites quelque chose. Heureusement, vous êtes à côté d'une commande d'aiguillage et vous pouvez faire dévier le train vers une autre voie. Malheureusement, sur cette voie de dégagement, il y a un homme qui lui non plus ne voit pas le train arriver. Bref, soit vous ne faites rien, et cinq personnes se font écraser, soit vous faites dévier le train, et ces cinq personnes seront sauvées, mais vous ferez mourir une personne. Et maintenant une question bien difficile. Moralement, quelle est la bonne attitude (*figure 31*) ?

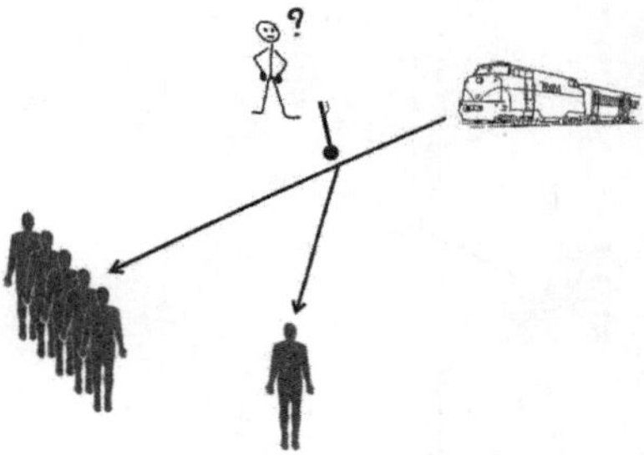

Figure 31 : Laisser le train écraser cinq personnes ou le détourner pour qu'il n'en écrase qu'une ? Que faire ?

Il me semble que c'est admissible d'envoyer le train sur une voie où il n'écrasera qu'une personne plutôt que cinq.

C'est ce que disent la plupart des gens. Maintenant, voici une histoire un tout petit peu différente. Vous êtes sur un pont au-dessus de la voie de chemin de fer. Comme tout à l'heure, un train arrive et va écraser cinq personnes si vous ne faites rien. Cette fois, pas d'aiguillage, mais vous pouvez quand même faire quelque chose. Il y a un gros homme à côté de vous sur le pont, et vous pouvez l'attraper par la peau du cou et le jeter sur la voie, devant le train. Si vous faites ça, le train va l'écraser et s'arrêter tout de suite. Les cinq personnes qui sont un peu plus loin sur la voie seront sauvées. Là, que feriez vous (*figure 32*) ?

C'est horrible, on n'a pas le droit d'attraper un être humain vivant et de s'en servir comme d'un tronc d'arbre pour bloquer un train !

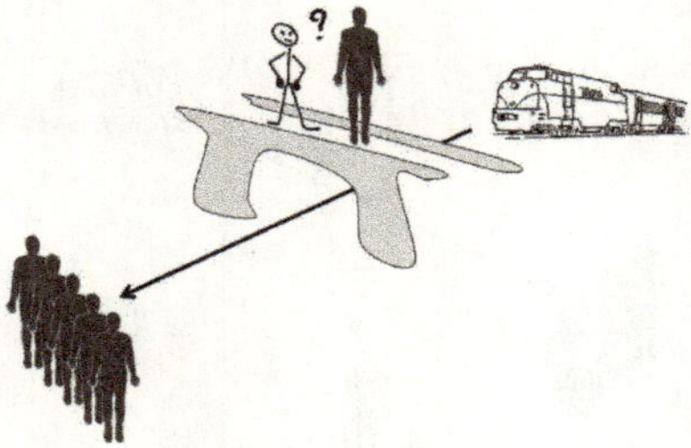

Figure 32 : Laisser le train écraser cinq personnes ou arrêter le train en jetant un passant en travers de la voie ? Que faire ?

Vous avez donc une intuition très différente de la « bonne » attitude morale, dans les deux histoires. Il y a des variantes encore plus choquantes, comme celle où un chirurgien trucide un jeune homme bien portant pour lui prendre son foie, son cœur, ses poumons et ses reins, et sauver ainsi la vie de cinq patients en attente d'une greffe… Et pourtant, dans tous ces cas, il s'agit de sauver cinq personnes en en sacrifiant une seule.

Alors pourquoi cette différence subjective ?

Nous fondons nos jugements moraux sur deux genres de processus. D'une part, un raisonnement abstrait, qu'on pourrait appeler « utilitaire », un calcul froid du « bien général ». Ce raisonnement nous dit que la bonne décision est celle qui sauve cinq personnes, quitte à en tuer une, et cela s'applique exactement de la même manière dans les deux histoires de train.

Mais il n'y a pas que le raisonnement qui compte…

Exactement. Le second genre de processus qui guident nos choix moraux, ce sont des intuitions morales. Elles se manifestent en nous sous forme d'émotions qui nous disent : « Non ! c'est quelque chose d'horrible qu'on ne peut pas faire. » Les deux histoires sont en réalité bien différentes. Dans la première, vous n'êtes pas confronté directement à l'homme que vous allez sacrifier, tandis que, dans la seconde, vous devez regarder votre victime en face, l'empoigner et la jeter devant un train qui arrive, alors qu'elle n'avait rien à faire dans cette histoire. Il y a une implication personnelle et émotionnelle dans ce cas qui entre en conflit avec le raisonnement froid qui détermine que c'est la meilleure solution.

Est-ce que raisonnement et émotions reposent sur les mêmes systèmes cérébraux ?

Des chercheurs, qui étudient les mécanismes cérébraux de la décision morale, ont fait l'imagerie fonctionnelle cérébrale de sujets placés devant des dilemmes de ce genre. Et, de fait, selon qu'on est face à une décision abstraite ou à un dilemme avec une forte implication personnelle et une charge émotionnelle, on n'active pas les mêmes systèmes. Selon les cas, il s'agit plutôt des régions impliquées dans le raisonnement abstrait, comme le cortex préfrontal dont nous avons déjà parlé plusieurs fois, ou plutôt de régions impliquées dans les émotions. En outre, quand le dilemme entre raison et émotion est insupportable, il y a d'autres régions qui s'engagent, pour assurer la gestion des conflits et contrôler l'intensité de l'émotion.

Le sentiment de ce qui se fait et ne se fait pas entre congénères est indispensable pour permettre la vie en société. Je suppose que ce genre de chose existe chez d'autres animaux sociaux pour lesquels la coopération entre individus est importante. Les animaux ont-ils des intuitions morales ?

On l'a étudié notamment chez le singe. Par exemple, on apprend à un singe un petit jeu très simple avec des jetons. Pour le faire travailler, on lui donne un bout de concombre chaque fois qu'il réussit. Le singe n'est pas fou de concombre, mais ça suffit à l'inciter à travailler. Maintenant, si on fait travailler un autre singe à côté de lui, mais qu'on récompense ce second singe en lui donnant des raisins (que les singes trouvent exquis !) plutôt que du concombre, le premier singe va jeter le concombre à la tête de l'expérimentateur et refuser de travailler. Il va se dire : « C'est dégoûtant, moi, on me donne du concombre, et lui, pour le même travail, on lui donne des raisins, c'est trop injuste, je me mets en grève. » Ce résultat est encore très débattu parmi les éthologistes, mais le singe semble avoir l'intuition morale de ce qui est équitable ou non dans les échanges entre individus. Alors oui, nos intuitions morales viennent probablement d'assez loin dans l'évolution.

Les hommes vivent en société entre eux, mais certains animaux domestiques, chiens ou chevaux par exemple, participent parfois étroitement à cette société. Nous allons discuter maintenant des talents innés des chiens pour vivre en bonne intelligence avec l'homme…

Il ne lui manque que la parole : le chien en société

« Il ne lui manque que la parole », c'est ce qu'on entend dire par beaucoup de maîtres en extase devant l'intelligence merveilleuse de leur caniche. D'où vient cette impression fréquente que nous pouvons communiquer avec les chiens presque comme s'ils étaient des gens comme vous et moi ?

C'est facile de se moquer gentiment du gâtisme des propriétaires de chiens, mais il y a tout de même quelque chose de profond dans cette camaraderie spontanée qui peut exister entre hommes et chiens. En effet, des recherches récentes ont montré que les chiens possèdent des capacités remarquables à comprendre des messages sociaux élémentaires émis par les hommes, nettement mieux que d'autres animaux plus proches de nous comme les chimpanzés et autres grands singes.

De quel genre de messages sociaux voulez-vous parler ?

Ce qui a été le plus étudié, c'est le geste de pointage. Un exemple. J'ai deux boîtes. Dans l'une je cache de la nourriture, l'autre est vide. Vous, vous avez faim et vous essayez de trouver quelle est la bonne boîte. Si je pointe mon doigt vers la boîte pleine, vous allez tout de suite comprendre mon message et aller du bon côté. Chez les bébés humains, cette capacité à interpréter le pointage apparaît vers 12 ou 14 mois. Les chimpanzés, sauf si on les entraîne très longuement, ne comprennent pas ce geste. Vous connaissez l'expression : « Le sage montre la lune et l'imbécile regarde le doigt » ? Les singes regardent le doigt.

Et les chiens se comportent-ils aussi comme des imbéciles ?

Non, justement, ils sont tout de suite très bons ! Dès qu'ils ont compris de quoi il retourne, ils utilisent l'indice que vous leur donnez en pointant. En plus, ils s'adaptent très facilement à toutes sortes de variantes : si l'homme dirige juste son regard en direction de la nourriture, ou bien l'indique d'un petit coup de tête, ou bien en plaçant un petit drapeau à côté. Pour les singes, ce sont des choses très difficiles à apprendre. Ce sont des indices qu'on peut appeler « sociaux », dans la mesure où ils ne prennent leur sens que dans la communication, entre humains normalement, et parfois entre hommes et chiens.

Je suppose qu'il y a d'autres exemples de communication sociale entre chien et homme ?

Bien sûr ! Par exemple, si vous lancez une balle avant de vous tourner dans une autre direction, le chien va courir chercher la baballe, puis il va vous contourner de façon à la poser par terre devant vous, et non dans votre dos. Ce qui veut dire qu'il est capable d'apprécier quelle est la zone de l'espace que vous, son maître humain, vous êtes capable de voir. Dans le même ordre d'idées, un chien préférera aller mendier de la nourriture auprès d'un homme qui a les yeux ouverts et qui le voit plutôt qu'auprès d'un homme qui a aussi de la nourriture, mais qui a les yeux bandés.

Ce qui est curieux, c'est que, sans vouloir vexer les propriétaires de chiens, ce sont quand même des animaux globalement moins intelligents que, par exemple, des chimpanzés.

Certes ! Leur avantage sur les singes a l'air de concerner spécifiquement les capacités de lire certains indices de communication sociale humaine. Il y a des choses qui ne sont pas en soi plus compliquées, pour lesquelles les chiens sont beaucoup plus mauvais que les singes. Par exemple, deviner que la nourriture est cachée sous une planche plutôt que sous une autre juste parce que la bonne planche est un peu soulevée par ce qui est caché dessous. Facile pour un singe, difficile pour un chien, mais il n'y a là rien de social.

Sait-on d'où viennent ces capacités sociales des chiens ?

On peut imaginer plusieurs scénarios. Le premier, c'est juste que le petit chien est élevé parmi les hommes, il apprend donc à décoder par exemple le geste de pointage, qui sinon ne lui dirait rien du tout. Si cela se passait ainsi, on s'attendrait à ce que les chiens plus vieux et mieux éduqués soient meilleurs que les chiots jeunes et malappris. Or ce n'est pas le cas. Par exemple, une étude récente a comparé des chiots âgés de 6 à 24 semaines : dès 6 semaines, ils sont tous aussi bons pour trouver leur nourriture quand un humain leur indique la bonne direction. On a aussi comparé des chiens élevés dans des écoles pour chiens et des chiens sans éducation. Tout ça ne fait aucune différence : la perception des signaux sociaux humains a l'air d'être innée.

Ce qui nous amène à une seconde explication possible de ces capacités…

Oui, simplement que c'est un héritage des ancêtres loups, desquels tous les chiens descendent. Les loups chassent en meute, ils possèdent donc certaines capacités sociales. Mais l'expérience prouve que les capacités sociales qu'ont les loups entre eux ne les prédisposent pas à comprendre les hommes. Voici un exemple amusant : on a pris des chiens et des loups, tous élevés de la même manière, en captivité, par des hommes. On leur a demandé de faire quelque chose d'impossible, comme ouvrir une boîte contenant de la nourriture, mais une boîte fermée avec un cadenas. Les chiens laissent tomber presque immédiatement, et font des va-et-vient éplorés entre la boîte et l'humain qui est là, alors que le loup continue à essayer de s'en sortir tout seul.

Donc, si les capacités sociales ne sont ni apprises par les chiots ni héritées du loup, quelle explication reste-t-il ?

Il est probable qu'elles se sont développées au cours de la domestication de certains loups, dont les descendants sont les chiens. Comme ça a eu lieu il y a peut-être 10 000 ans, on n'a pas de moyen de vérifier exactement ce qui s'est passé. Mais une expérience a été faite en Sibérie, à partir de 1959, qui a permis de reconstituer plus ou moins ce scénario. On a pris non pas des loups, mais des renards sauvages et on les a élevés en captivité sur plusieurs générations, en sélectionnant à chaque génération les renardeaux les moins craintifs, ceux qui approchaient les hommes le plus volontiers, et en les faisant se reproduire entre eux. Au bout de quelques générations, on a obtenu une race de renards tout gentils, comme des petits chiens.

Et ces renards domestiques étaient-ils capables, comme des chiens, de comprendre les signaux humains ?

Oui, ils comprenaient les signaux humains bien mieux que leurs frères sauvages. Il s'est peut-être passé la même chose avec les loups il y a 10 000 ans. Le scénario pourrait être celui-ci. D'abord, certains loups particulièrement peu agressifs et peu craintifs se rapprochent des hommes, pour manger dans leurs poubelles ou quelque chose de cet ordre. Dans un second temps, au sein de cette race de loups au bon caractère, la sélection naturelle favorise ceux qui collaborent le mieux avec les hommes, par exemple ceux qui les aident le mieux à chasser. Et ces bons chiens de chasse, ce sont justement ceux qui comprennent les signaux humains. Selon cette hypothèse, c'est par son contact avec les hommes que la race des chiens aurait « appris », par sélection naturelle, à devenir socialement compétente.

Le cerveau, la conscience, le tennis et la mort (en 9 pages)

Est-on conscient quand on est dans le coma ? À partir de quand peut-on dire que quelqu'un est mort ? Pourquoi entend-on dire que certains patients sont « comme des légumes » ? Qu'est-ce qu'un état végétatif ? Quand a-t-on le droit de « débrancher » quelqu'un qui ne vit que grâce à des machines ? À partir de quand peut-on prélever des organes ? N'est-ce pas un peu présomptueux de régler tout cela en quelques pages ?

Il n'en est évidemment pas question, mais je crois que tous ces débats sont souvent mal compris faute de quelques idées de base simples sur le cerveau. Je vais juste essayer de tirer au clair ces idées élémentaires, et le sens de quelques mots comme « coma », « état végétatif », etc.

Par où commencer ?

Par la vie. Nous avons tous une idée assez claire de ce qu'est une vie consciente : se rendre compte de ce qui se passe autour de nous et en nous, agir de façon volontaire dans le monde, etc. Pour que cela fonctionne, nous avons besoin de deux choses. Je suis désolé de prendre une comparaison si triviale, mais, pour que votre cafetière électrique vous fasse du café, vous avez aussi besoin de deux choses : premièrement, qu'elle soit allumée et, deuxièmement, qu'elle ne soit pas cassée, que les tuyaux et les filtres soient en état de marche. C'est un peu la même chose avec le cerveau. Pour avoir une vie consciente, il faut premièrement que votre le cerveau soit allumé. Dans le cas du cerveau, on ne dit pas « allumé » mais « éveillé ». Ce qui éveille le cerveau, ce sont des systèmes qui se trouvent juste en dessous de lui, dans le tronc cérébral, et qui lui envoient des projections pour contrôler son éveil.

Et dans quelles circonstances le cerveau est-il éteint, ou endormi ?

De façon normale, la nuit, pendant le sommeil profond. Le tronc cérébral fonctionne alors comme un commutateur qui éteint et heureusement rallume le cerveau quand il le faut. C'est aussi ce qui se passe quand on subit une anesthésie générale. Le produit anesthésique agit sur le tronc cérébral qui cesse de maintenir le cerveau éveillé. Et c'est aussi ce qui se passe dans le coma, qui ressemble à une sorte de sommeil extrêmement profond. Il résulte de lésions ou d'un mauvais fonctionnement du tronc cérébral, ou des voies d'activation qui montent vers le cerveau. Par conséquent, contrairement au sommeil, il ne suffit pas de faire du bruit ou de pincer quelqu'un qui se trouve dans le coma pour qu'il se réveille (*figure 33*).

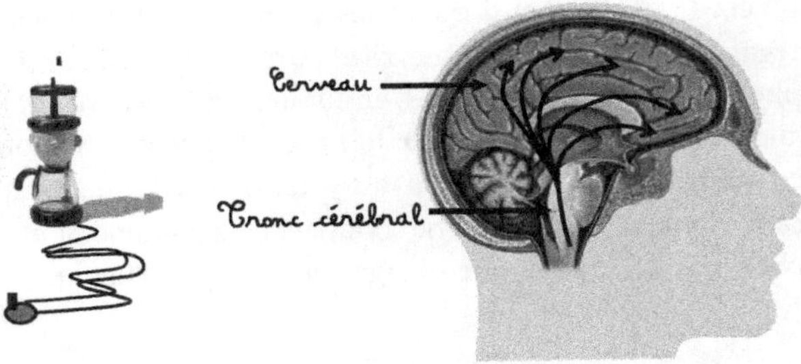

Figure 33 : Le tronc cérébral assure l'éveil du cerveau, qui lui-même élabore des pensées conscientes. Schématiquement, le coma résulte de lésions du tronc cérébral, et l'état végétatif de lésions étendues du cerveau.

Vous disiez que, pour avoir du café chaud, il faut que la cafetière soit allumée, mais aussi qu'elle ne soit pas cassée.

Autrement dit, pour avoir une vie consciente, il faut bien sûr un cerveau éveillé, mais aussi un cerveau en suffisamment bon état pour donner un contenu à la conscience, pour être conscient *de* quelque chose. Par exemple, pour être conscient de ce que vous voyez, encore faut-il, au minimum, que votre système visuel soit suffisamment intact.

Par conséquent, je suppose qu'on peut être éveillé, si le tronc cérébral est intact, et néanmoins n'avoir conscience de rien, si le cerveau est trop endommagé ?

Exactement. C'est un état très particulier, qu'on appelle « végétatif », qu'il faut bien distinguer du coma. Un patient végétatif a un tronc cérébral en bon état, donc il alterne de façon plus ou moins normale le sommeil et l'éveil. Il se réveille, il ouvre les yeux, il respire, il semble regarder devant lui. Mais, malheureusement, ses hémisphères cérébraux sont très endommagés, et il ne donne aucun indice de vie consciente, il ne réagit pas du tout à ce qui l'entoure, ne suit pas des yeux les gens qui se déplacent dans sa chambre, ne bouge pas spontanément, ne parle pas, ne donne aucun signe de compréhension.

Il est donc éveillé, mais inconscient ?

En effet. C'est une situation très étrange, très difficile à comprendre par l'entourage, qui a l'impression que cette personne devrait les entendre, les voir, leur répondre, puisqu'elle est éveillée, et pourtant elle ne le fait pas.

Mais comment peut-on être sûr que ce patient est inconscient ? Est-ce qu'il ne pourrait pas être simplement paralysé, incapable de bouger, et pourtant bien conscient dans son for intérieur ?

C'est une question très importante et très délicate pour les médecins. Il faut essayer de se fonder sur un examen clinique très attentif, répété, et aussi de plus en plus sur des techniques d'imagerie cérébrale, pour essayer de déterminer l'état de conscience de cette personne. C'est d'autant plus complexe que ce n'est pas blanc ou noir. Il existe des situations intermédiaires entre une conscience normale et un état végétatif, des états de conscience minimale dans lesquels les patients manifestent des bribes de conscience : ils semblent parfois comprendre certaines choses, ils vont parfois attraper un objet ou suivre quelqu'un des yeux…

Vous imaginez l'importance que cela peut avoir pour décider par exemple s'il faut poursuivre les soins ou non.

Nous avons discuté au début de ce livre de la possibilité de « lire dans les pensées » au moyen de l'imagerie cérébrale. Ces techniques devraient permettre aux médecins de mieux répondre à ces questions délicates concernant l'état de conscience de patients de ce genre.

En effet, et voici un exemple assez frappant. Récemment, Adrian Owen et ses collègues ont travaillé avec une patiente âgée de 24 ans qui, à la suite d'un accident de la route, se trouvait depuis de longs mois en état végétatif, c'est-à-dire éveillée mais ne manifestant absolument aucun signe de vie consciente. Ils lui ont dit : « Madame, imaginez que vous jouez au tennis ! », ou bien : « Madame, imaginez que vous êtes chez vous et que vous vous promenez de pièce en pièce. » La patiente était placée dans une machine d'IRM, ce qui permettait d'enregistrer son activité cérébrale. Le résultat remarquable est que ces deux consignes ont allumé dans le cerveau de la patiente deux ensembles de régions bien différentes, l'un pour le tennis et l'autre pour sa maison. Ces réseaux étaient identiques à ceux observés chez des sujets bien portants et éveillés. Autrement dit, cette patiente comprenait les consignes, elle était capable de s'imaginer en train de jouer au tennis ou de se promener chez elle. Cela ne signifie pas pour autant que son fonctionnement mental était normal, mais cela suggère fortement qu'elle n'était pas aussi inconsciente qu'elle en avait l'air !

Il ne faut surtout pas croire que cette possibilité de fragments de conscience cachée concerne tous les patients en état végétatif, mais en tout cas cela suggère que les progrès de l'imagerie nous aideront à mieux « lire » ce qui se passe dans la tête de patients qui ne peuvent communiquer, et donc à mieux adapter les soins, à les prodiguer « sur mesure ».

Jusqu'à présent, nous avons discuté uniquement de patients ayant subi de gros dégâts cérébraux et dont la vie mentale est anéantie ou du moins très réduite. Cela n'a rien à voir avec une autre situation, parfaitement claire et dramatique, qu'on appelle le locked-in syndrome (*figure 34*).

« Monsieur (…) vous êtes mandé par M. Noirtier de Villefort, que voici ; une paralysie générale lui a ôté l'usage des membres et de la voix, et nous seuls, à grand-peine, parvenons à saisir quelques lambeaux de ses pensées. »

Noirtier fit de l'œil un appel à Valentine, appel si sérieux et si impératif, qu'elle répondit sur-le-champ :

« Moi, monsieur, je comprends tout ce que veut dire mon grand-père. (...) Avec deux signes vous acquerrez cette certitude que mon grand-père n'a jamais mieux joui qu'à cette heure de la plénitude de son intelligence. M. Noirtier, privé de sa voix, privé du mouvement, ferme les yeux quand il veut dire oui, et les cligne à plusieurs reprises quand il veut dire non. Vous en savez assez maintenant pour causer avec M. Noirtier, essayez. »

Le regard que lança le vieillard à Valentine était si humide de tendresse et de reconnaissance, qu'il fut compris du notaire lui-même.

Alexandre Dumas, *Le Comte de Monte-Cristo*

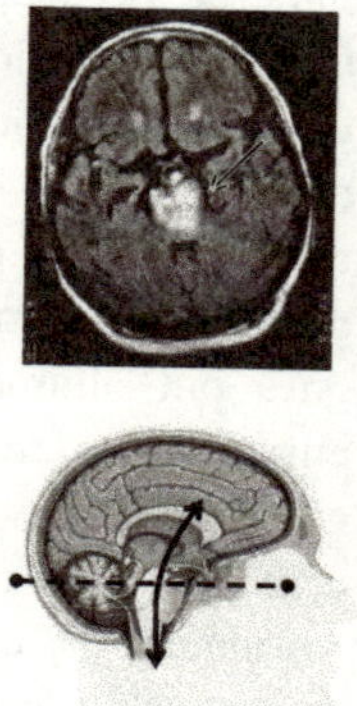

Figure 34 : La description du « locked-in syndrome » par Alexandre Dumas. Le tronc cérébral est la voie d'entrée et de sortie du cerveau (en bas). En cas de lésion (en haut), on peut se trouver *locked-in*, « enfermé dans sa tête » (Krasnianski *et al.*, 2003).

C'est ce qu'a décrit il y a quelques années Jean-Dominique Bauby dans un livre qui a eu un succès mérité, *Le Scaphandre et le Papillon*, dont un film a d'ailleurs été tiré.

En effet. On peut traduire *locked-in syndrome* par l'idée d'être enfermé sous clé à l'intérieur de soi-même. Ces patients ont eu un accident touchant le tronc cérébral, mais qui épargne les structures du tronc cérébral servant à l'éveil dont nous avons parlé tout à l'heure. Il faut savoir que toutes les voies qui conduisent les ordres de mouvement depuis le cerveau jusqu'aux jambes, aux bras, au visage, passent par le tronc cérébral. Ce sont ces voies de communication qui sont interrompues. Par conséquent, les gens qui sont dans un état de *locked-in* sont intellectuellement comme vous et moi, mais ils ne peuvent ni bouger ni parler. Leur vie mentale est rigoureusement normale, toutefois ils sont incapables de communiquer avec l'extérieur. Les seuls mouvements qu'ils peuvent contrôler volontairement, ce sont les clignements des paupières, parfois les mouvements des yeux de haut en bas.

Et, pour finir ce survol, naturellement, un mot de la mort ?

Jusqu'à récemment, on n'avait pas à se poser de question pour définir la mort. Tous les organes importants s'arrêtaient presque en même temps, et de façon irréversible, quel que soit celui qui capitulait le premier, cerveau, cœur, poumons, foie… La situation actuelle n'est plus celle-là. Après un traumatisme crânien grave, par exemple, le cœur et les poumons peuvent continuer à fonctionner grâce aux miracles de la réanimation, alors que le cerveau

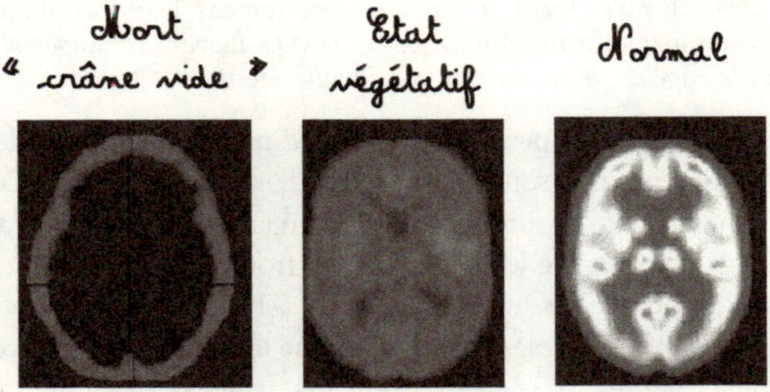

Figure 35 : La consommation de sucre par le cerveau, reflet de son activité, est normale à droite, réduite (état végétatif) au milieu, et nulle (mort) à gauche (Laureys, 2005).

est hors service. Devant ces nouvelles complications, il a fallu formuler une définition plus explicite de la mort. Nous disons aujourd'hui que la mort, c'est celle du cerveau et du tronc cérébral. Je vous ai dit que le tronc cérébral était responsable de l'éveil cérébral. Mais il est aussi responsable du contrôle de fonctions vitales de base comme la respiration, la tension artérielle, les battements du cœur ou la température. Dans le coma, la fonction d'éveil du cerveau n'est plus assurée, mais les fonctions vitales persistent. Dans la mort, les lésions du tronc cérébral sont telles que même ces fonctions vitales cessent, bien qu'elles puissent être suppléées temporairement par des machines (*figure* 35).

La frontière entre vie et mort est donc claire ?

Oui. Il y a une série des critères objectifs et exigeants, reconnus par tous, pour déterminer si quelqu'un est mort ou non. Schématiquement, il faut, d'une part, un état de coma si profond que même la respiration spontanée est impossible et, d'autre part, une preuve que le cerveau a cessé irrémédiablement de fonctionner, ce dont on peut s'assurer notamment avec des électro-encéphalogrammes.

Les migraines de sainte Hildegarde

Les migraines sont certainement la plus fréquente des maladies neurologiques, puisque environ 15 % de la population en souffre. Pourtant, nous en parlerons à partir du cas bien particulier de sainte Hildegarde. Qui était donc sainte Hildegarde ?

Sainte Hildegarde était une femme remarquable, une grande intellectuelle. Elle a vécu au XIIe siècle en Allemagne. Elle a fondé des monastères, écrit de nombreux traités de théologie, de sciences naturelles, de poésie, de médecine, elle a composé de la musique, etc.

Une femme remarquable en effet, mais quel rapport avec la migraine ?

Hildegarde était une grande mystique. Elle vivait des expériences très étranges, elle avait notamment des visions prophétiques depuis son enfance. Je pense que c'est une idée très réductrice, mais le neurologue Oliver Sacks a suggéré que les visions mystiques décrites par sainte Hildegarde étaient en fait des migraines (*figure 36*).

Figure 36 : Les visions géométriques de sainte Hildegarde étaient-elles des auras migraineuses ?

Nos nombreux lecteurs migraineux doivent être surpris. Quand ils ont mal à la tête, je pense qu'ils n'ont pas l'impression de vivre une expérience mystique.

Bien sûr ! Plus sérieusement, il y a deux sortes de migraines. D'une part, les migraines ordinaires, où vous avez mal à la tête, des nausées, des vomissements, une intolérance au bruit et à la lumière, etc. Et puis il y a ce qu'on appelle les « migraines accompagnées ». Dans les migraines accompagnées, les maux de tête sont précédés, pendant environ un quart d'heure, de phénomènes neurologiques curieux, qu'on appelle l'« aura » de la crise de migraine.

Et cette aura peut être constituée de phénomènes visuels ?

Oui. C'est de loin l'espèce la plus fréquente de migraine accompagnée. C'est ce qu'on appelle les « migraines ophtalmiques ». Le plus souvent, ce sont des scintillements, des zigzags lumineux, qui envahissent progressivement le champ visuel. Le plus souvent, il s'agit de lumières blanches, mais parfois aussi colorées. Et ces scintillements peuvent être suivis de « trous », de zones aveugles en plein dans le champ visuel. Parfois, on a l'impression que les objets se déforment, grossissent, rapetissent, se rapprochent.

Oliver Sacks a donc suggéré que les visions de sainte Hildegarde étaient en fait des auras de migraines ophtalmiques ?

Par exemple, ses visions des remparts de la cité céleste pourraient correspondre à ces zigzags lumineux qui font souvent partie des auras migraineuses et que les neurologues appellent d'ailleurs des « fortifications ».

Est-ce que ce n'est pas effrayant de ressentir ce genre de visions ?

Les patients sont souvent effrayés la première fois que cela leur arrive. Ils ont peur de devenir aveugles, d'avoir un accident vasculaire cérébral ou autre. Ensuite, une fois qu'on leur a expliqué de quoi il retourne et qu'ils ont observé que tout rentre dans l'ordre en quinze minutes, ils sont rassurés.

Alors justement, dites-nous de quoi il retourne. D'où viennent ces auras ?

La migraine est un problème très fréquent, et pourtant on comprend assez mal ses mécanismes, qui sont très complexes. En ce qui concerne les migraines ophtalmiques, on a quand même une idée de ce qui se passe dans le cerveau, à l'origine des visions et des scintillements. Il y a quelques années, une étude a utilisé l'IRM fonctionnelle pour analyser le fonctionnement des régions du cerveau responsables de la vision pendant des migraines ophtalmiques.

Petite question pratique : comment ont-ils fait pour que les sujets aient une migraine juste au moment où on les met dans la machine d'IRM ?

Certains des sujets travaillaient dans le bâtiment même où se déroulait l'étude, et on leur demandait de se précipiter à l'IRM à la moindre alerte de migraine. Un des sujets avait d'ailleurs un truc pour déclencher à la demande une crise de migraine : jouer une heure au basket-ball.

Et qu'est-ce que cette étude a montré ?

Pendant que les patients étaient dans la machine, on leur a montré en alternance une image de damier et un écran noir, et on a examiné l'activation du cortex visuel. Suivons ce qui se passe pendant une crise. Avant le début de la crise, d'une façon tout à fait normale, l'activité du cortex oscille selon ce que le patient est en train de voir : elle augmente quand il voit un damier, diminue quand il voit l'écran noir, etc. Puis la crise débute. Le patient commence à voir des scintillations dans la partie gauche de son champ visuel. À cet instant, le cortex visuel se met à ne plus fonctionner normalement. Son activité n'oscille plus selon ce qu'il voit, le cortex ne réagit plus normalement à ce qui se passe à l'extérieur.

Sait-on pourquoi les scintillations, les zigzags, se déplacent ou s'étendent progressivement dans le champ visuel ?

Le cortex visuel est une sorte de carte du monde extérieur : chaque point du champ visuel est codé par une région définie du cortex. Dans l'exemple que nous avons pris, l'IRM fonctionnelle montre que la zone du cortex qui fonctionne mal correspond précisément à la région du champ visuel où le patient voit le scintillement. Au fur et à mesure que le scintillement se déplace du centre vers la périphérie dans la moitié gauche du champ visuel, on voit en IRM une vague d'anomalies qui se déplace à la surface de la carte corticale.

Donc, le cerveau fonctionne temporairement de façon anormale pendant les crises de migraine, notamment pendant les phénomènes visuels des migraines ophtalmiques. Mais y a-t-il des anomalies anatomiques permanentes dans le cerveau des migraineux ?

Rassurez-vous, un cerveau migraineux, entre les crises, est un cerveau tout à fait normal. Tout au plus sait-on qu'à la longue il peut apparaître de toutes petites anomalies sur l'IRM anatomique, anomalies dont on ne connaît pas bien la signification. Il y a aussi une étude récente qui suggère que, chez les migraineux, le cortex cérébral est légèrement plus épais que chez les non-migraineux, dans certaines régions du cerveau qui sont impliquées dans la perception visuelle du mouvement. Le sens de cette trouvaille n'est pas très clair, mais il est possible que cela ait un rapport avec le fait que, pendant les migraines ophtalmiques, les « visions », scintillations et autres, sont souvent des formes mouvantes, ce qui témoignerait d'une sorte de suractivation de ces régions qui codent le mouvement. Et puis on sait que les migraineux, même entre les crises, ont une perception du mouvement un peu particulière. Ainsi, ils ont souvent le mal de mer, le mal des transports.

Quittons pour finir l'imagerie cérébrale. D'un point de vue purement médical, les migraines ophtalmiques, c'est spectaculaire, mais fréquent et sans gravité. C'est tout de même très gênant. Est-ce que cela se soigne ?

Il n'y a pas de traitement spécifique des migraines ophtalmiques. Ce sont en gros les mêmes traitements que ceux des migraines ordinaires, avec quelques petites précautions supplémentaires. Curieusement, beaucoup de gens croient encore qu'il n'y a rien à faire pour les migraines à part prendre du paracétamol et attendre que ça se passe. En réalité, il y a toute une pharmacopée, de plus en plus riche, dont disposent les médecins, notamment les neurologues. Il y a de plus en plus de traitements qui permettent d'une part de traiter les crises, et d'autre part de les prévenir ou au moins d'en réduire la fréquence et la sévérité.

Les jurons de la marquise, ou la maladie de Gilles de La Tourette

En 1825, le Dr Itard décrit le cas d'une femme assez remarquable. La marquise de Dampierre, femme de la meilleure société, a commencé à avoir dès l'age de 7 ans des tics du visage, du cou, des mains. Au fil des années se sont ajoutés des cris incontrôlables : au milieu d'une conversation parfaitement normale, elle poussait des cris et, plus curieux encore, hurlait des jurons et des obscénités. Ce qui faisait évidemment mauvaise impression en société, même si, hormis ces comportements étranges, elle avait toute son intelligence et n'était en rien dérangée. Pourtant, du fait de ces troubles, elle s'est retirée assez jeune dans un couvent.

Et pourquoi ce comportement curieux porte-t-il le nom de Gilles de La Tourette ?

Environ soixante ans après la description de la marquise, l'illustre professeur Charcot de La Salpêtrière a confié à son élève Georges Albert Édouard Brutus Gilles de La Tourette le soin d'étudier cette affection et ses relations avec d'autres types de mouvements anormaux qu'on essayait alors de classer et de distinguer les uns des autres. La maladie a gardé le nom de Gilles de La Tourette.

Donc, le symptôme principal dans la maladie de Gilles de La Tourette, ce sont les tics ?

En effet, mais inversement tous les tics n'impliquent pas qu'il y ait une maladie de Gilles de La Tourette. Il est fréquent que des enfants aient des tics tout à fait banals, comme des clignements des yeux ou autres, pendant quelques mois, qui rentrent dans l'ordre tout seuls. Ce qui définit la maladie de Gilles de La Tourette, ce sont des tics très durables, qui persistent pendant des années, tout en se modifiant avec le temps. L'évolution habituelle voit un tic apparaître pendant quelques mois ou semaines, puis disparaître et céder la place à un autre tic, et ainsi de suite.

Et quel genre de tics voit-on le plus souvent ?

Les tics peuvent être simples, des clignement des yeux, des raclement de la gorge, une toux, des mouvements du cou, etc. Il y a aussi des tics plus complexes, par exemple des gestes obscènes irrépressibles, des pirouettes, et puis des phrases hurlées, souvent obscènes ou scatologiques. Parfois, les patients ne peuvent s'empêcher de répéter en écho les derniers mots prononcés par leur interlocuteur.

Et les patients peuvent-ils « se retenir », s'empêcher d'avoir des tics ?

Les tics peuvent être contrôlés volontairement, au prix de gros efforts, mais dès que ceux-ci se relâchent, il y a une sorte d'effet rebond, les tics se déchaînent pendant un moment, ce qui oblige parfois les patients à s'isoler dans une pièce pour tiquer tout à leur aise.

Dans la maladie de Gilles de La Tourette, on dit qu'il y a non seulement des tics, mais aussi des TOC. Qu'est-ce que c'est que les TOC ?

TOC, ce sont les initiales de troubles obsessionnels compulsifs. Dans à peu près la moitié des cas de maladie de Gilles de La Tourette, les tics sont associés à d'autres comportements incontrôlables mais nettement plus élaborés. Par exemple, arranger les objets sur la table dans une configuration symétrique, vérifier la parfaite régularité des lacets de ses chaussures, toucher les objets, etc. On appelle ça des TOC parce que ça ressemble à ce qu'on voit chez des gens qui ont une véritable névrose obsessionnelle. Mais ce dernier cas est un peu différent : il existe un sentiment d'angoisse associé à une idée bien précise, et cette angoisse est soulagée temporairement par un comportement stéréotypé. Par exemple, j'ai une peur panique des microbes, et je soulage cette angoisse en me lavant les mains pour la vingtième fois de la journée. Ou bien j'ai une peur panique d'avoir laissé la porte ouverte, et je remonte chez moi vérifier vingt fois de suite. Ce n'est pas exactement la même chose dans la maladie de Gilles de

La Tourette. Les patients ressentent un besoin impérieux de bouger, mais en général leurs actes ne sont pas motivés par des idées élaborées et angoissantes de propreté, de vérification ou autres obsessions.

Connaît-on l'origine de la maladie de Gilles de La Tourette ?

Pendant la plus grande partie du XXe siècle, il y a eu des va-et-vient entre des explications purement psychologiques, conflits psychosexuels ou autres, et des tentatives d'explications « organiques ». Depuis les années 1970, il est devenu clair que la maladie de Gilles de La Tourette est une affection neurologique, une anomalie du contrôle de l'action, comme la maladie de Parkinson, la maladie de Huntington, ou d'autres encore.

Sait-on plus précisément quels sont les systèmes cérébraux qui sont impliqués ?

Il y a dans le cerveau un ensemble de noyaux, de masses de neurones, qui se trouvent cachés dans les profondeurs et qu'on appelle les « ganglions de la base ». Il y a des circuits qui lient ces noyaux au cortex et le cortex aux noyaux, et, dans la maladie de Gilles de La Tourette, ces circuits ont un fonctionnement anormal. Notamment, il y a des systèmes qui permettent, pendant qu'on fait quelque chose, d'inhiber, de réprimer, toutes les actions parasites inappropriées. Si, dans la maladie de Gilles de La Tourette, ce système ne fonctionne pas normalement, on voit surgir des gestes et des actions involontaires et inappropriés, les tics.

Y a-t-il un risque de transmission familiale de cette maladie ?

Il y a une part génétique très importante. Dans des paires de vrais jumeaux, si l'un souffre de la maladie de Gilles de La Tourette, l'autre est presque sûrement aussi atteint. Mais la génétique est également très complexe et implique de nombreux gènes. Je crois qu'il n'y a qu'un seul patient connu chez lequel la MGT est causée pas une anomalie d'un seul gène bien identifié.

Comment peut-on soigner ces tics, qui sont parfois très invalidants ?

Première chose, la psychothérapie est importante, avec si possible une prise en charge familiale. Elle ne permet pas vraiment de supprimer les tics, mais aide les gens et leur entourage à vivre avec la maladie. Aussi, parce que assez souvent les patients sont plus ou moins anxieux ou déprimés. Deuxième chose, d'innombrables médicaments ont été essayés. Ils ne sont pas forcément nécessaires : tout dépend de la sévérité de la gêne entraînée par les tics. Actuellement, ce sont notamment ce qu'on appelle les « neuroleptiques atypiques » qui sont souvent utilisés. La toxine botulique, le fameux « botox », a aussi été employé dans certains cas, pour « paralyser » certains tics vocaux par exemple.

Et y a-t-il des traitements chirurgicaux ?

Dans le passé, on a essayé de faire de petites lésions chirurgicales de ces fameux ganglions de la base, ou même du cortex frontal, mais avec peu de succès et pas mal d'effets indésirables. En revanche, un traitement des formes les plus sévères semble prometteur, ce sont les stimulations intracérébrales. Comme cela se fait parfois dans la maladie de Parkinson, on implante des électrodes intracérébrales à demeure en des points précis des ganglions de la base. Ces électrodes, activées par une sorte de pacemaker, délivrent en continu des impulsions électriques, ce qui dans les cas favorables peut réduire les tics d'une façon importante.

On a dit que Mozart souffrait de la maladie de Gilles de La Tourette.

C'est loin d'être sûr, mais c'est amusant de savoir que des gens ont fait des statistiques très sérieuses sur la correspondance de Mozart et ont montré que 12,9 % des lettres qu'il a laissées contenaient des propos qu'on pourrait qualifier de scatologiques. Sa belle-sœur raconte qu'il faisait souvent des grimaces, tapotait les objets avec ses mains ou ses pieds, faisait semblant de jouer du piano sur les objets qui lui passaient à portée de main. Mais c'était Mozart !

Le bégaiement

Nous allons parler d'un problème fréquent : le bégaiement. D'abord, comment peut-on décrire le bégaiement et les problèmes qu'il entraîne ?

Si vous écoutez attentivement quelqu'un bégayer, ou si vous bégayez vous-même, vous remarquerez trois anomalies principales : des blocages qui malgré de grands efforts empêchent de démarrer ou de terminer un mot, des répétitions irrépressibles de syllabes et la prolongation excessive de certains sons. Mais, en plus, il y a aussi des phénomènes secondaires au bégaiement lui-même, qui témoignent souvent d'une lutte contre le blocage : détourner le regard, fermer les yeux, taper du pied ou de la main, etc. Et puis il y a un troisième genre de problème, et non des moindres. Souvent, le bégaiement entraîne un véritable handicap social. Il est une source d'anxiété et, inversement, il est lui-même aggravé par l'anxiété. C'est un véritable cercle vicieux. Certains bègues ont tellement peur du regard des autres qu'ils restreignent leurs entreprises personnelles et professionnelles, qu'ils limitent leur paroles à des formules stéréotypées qui leur posent moins de problèmes.

Alors que les bègues n'ont aucun problème intellectuel, qu'aucun métier et aucun plaisir de l'existence ne leur est interdit ?

Les bègues n'ont aucune espèce de déficience intellectuelle, et nous connaissons tous des bègues qui se sont illustrés au plus haut niveau dans tous les domaines imaginables, même dans des professions publiques comme acteurs ou hommes politiques, depuis Moïse et Démosthène jusqu'à des exemples contemporains bien connus.

Quand le bégaiement apparaît-il au cours de la vie ?

Le bégaiement commence le plus souvent entre 3 et 7 ans. Environ 4 % des enfants bégaient à un moment ou à un autre. Ensuite, dans 75 % des cas, le bégaiement va complètement disparaître de lui-même avant l'adolescence. Mais, s'il persiste au-delà, il le fera probablement pendant toute la vie d'adulte, avec une gravité très variable d'un individu à l'autre.

Les garçons et les filles sont-ils touchés à égalité ?

Un bégaiement apparaît à peu près aussi souvent chez les petits garçons que chez les petites filles, mais, ensuite, il disparaît beaucoup plus souvent chez les filles que chez les garçons. Globalement, le bégaiement est quatre fois plus fréquent chez les hommes que chez les femmes.

Sait-on quel est le mécanisme du bégaiement ?

Si vous effectuez un mouvement précis et délicat, par exemple boutonner une chemise les yeux fermés, il faut que votre perception tactile soit précise (vous n'y arrivez pas si vous portez des gants). Il faut aussi que vous puissiez produire des mouvements très précis (si vos muscles sont raidis par le froid, vous n'y arrivez pas non plus). Enfin, il faut que la perception et le mouvement soient étroitement associés l'un à l'autre, que vous sentiez la position exacte de vos doigts et que vous les pilotiez en fonction de ce que vous sentez. C'est un peu la même chose pour les délicats mouvements de la parole : il faut bien sentir votre langue, ainsi que les autres organes articulateurs, bien percevoir aussi les sons que vous-même produisez et, évidemment, bien ajuster les mouvements des dizaines ou des centaines de muscles de l'articulation en fonction de ces perceptions.

C'est donc cet ajustement de la perception et du mouvement qui pose un problème dans le bégaiement ?

On pense que c'en est un des éléments déterminants. Certains insistent beaucoup sur l'importance de la perception de sa propre voix, ce qu'on appelle le « feed-back auditif ». Cela se voit par le fait que, quand on modifie ce feed-back, le bégaiement peut beaucoup s'améliorer. On peut modifier la perception qu'un bègue a de sa propre voix de différentes manières, par exemple en lui faisant entendre du bruit pendant qu'il parle ou encore en recueillant sa voix avec un micro, en la transformant avec un ordinateur et en la lui renvoyant modifiée dans les oreilles. Dans toutes ces circonstances, alors qu'on ne modifie que ce que le bègue entend, on obtient une réduction du bégaiement.

On s'attend donc à trouver des anomalies cérébrales au niveau des systèmes responsables de la perception auditive et du mouvement ?

C'est bien le cas. Il peut y avoir de petites anomalies anatomiques, un cerveau un peu moins asymétrique que la normale, quelques petits sillons en plus, etc. Et, lorsqu'on étudie les régions du cerveau qui s'activent pendant la parole, on trouve de petites anomalies fonctionnelles, tout à la fois dans des régions qui commandent le mouvement, dans le lobe frontal et dans des régions qui servent à la perception auditive (notamment de votre propre voix), dans les lobes temporaux. Il semble que certains noyaux de substance grise, dans les profondeurs du cerveau, qui sont impliqués dans d'autres maladies du mouvement comme la maladie de Parkinson, interviennent aussi dans le bégaiement.

Quelle est l'origine de ces anomalies ?

Il y a une prédisposition génétique certaine : par exemple, dans 80 % des cas, si l'un des vrais jumeaux bégaie, l'autre bégaiera aussi. Il est possible qu'il y ait des facteurs favorisants dans l'environnement des enfants, des familles qui parlent trop (ou trop peu ?), ou qui sont trop exigeantes, ou des chocs psychologiques… mais il est très difficile d'être catégorique sur ce point.

En pratique, si des parents s'aperçoivent que leur enfant bégaie, que doivent-ils faire ?

Il y a un message simple, mais qu'il est important de faire passer. Il est vrai que les trois quarts des enfants qui bégaient vont guérir tout seuls, d'habitude assez rapidement. Mais, pour l'autre quart, il est nécessaire de s'en occuper, parce qu'il y a des prises en charge efficaces, d'autant plus efficaces qu'elles sont mises en œuvre plus tôt. Or on ne sait pas, quand un enfant commence à bégayer, s'il fait partie des trois quarts ou du quart. Par conséquent, il vaut mieux, dans le doute, aller consulter sans hésiter, surtout si le bégaiement dure depuis quelques mois sans sembler vouloir disparaître.

Et qui faut-il consulter ?

La prise en charge est surtout assurée par des orthophonistes spécialisés, des phoniatres, des psychologues. En gros, d'une part, il faut aider les parents à adopter la bonne attitude vis-à-vis de leur enfant, à connaître la bonne manière de leur parler, et leur éviter de dramatiser comme de minimiser le problème. D'autre part, dès que les enfants sont assez grands, il faut envisager une rééducation plus technique pour apprendre à contrôler le souffle, la vitesse de la parole, etc.

À part la rééducation et la guidance parentale, y a-t-il d'autres méthodes, ou des médicaments ?

On a proposé des systèmes électroniques, des sortes de prothèses auditives qui modifient la perception de sa propre parole, selon le principe dont nous avons parlé tout à l'heure. De nombreux essais de médicaments ont été menés, qui sont dans l'ensemble très décevants. Les médicaments contre la maladie de Parkinson ont tendance à aggraver le bégaiement, et les neuroleptiques à le soulager parfois, mais au prix de divers effets secondaires.

À quelle porte les parents doivent-ils frapper ?

Les parents doivent demander un conseil spécialisé, en passant par le pédiatre ou le médecin de famille par exemple, ou en contactant des associations de patients.

Le sport est-il bon pour le cerveau ?

Nous sommes submergés par les publicités pour des régimes alimentaires, pour des exercices divers, d'habitude plutôt coûteux, qui sont supposés « bons pour le cerveau ». On entend notamment vanter les mérites de l'exercice physique, du sport. Le sport, c'est plus ou moins gratuit, ça fait plaisir, mais est-ce que c'est vrai que c'est bon pour le fonctionnement intellectuel, et notamment pour prévenir la maladie d'Alzheimer ?

L'exercice physique fait vraiment du bien au cerveau, pour au moins deux raisons. D'une part, il réduit les risques de différentes maladies qui peuvent causer des dégâts cérébraux. C'est le cas en particulier des maladies cardio-vasculaires. Si votre cœur et votre système circulatoire vont bien, vous ferez moins d'accidents vasculaires cérébraux, et votre intellect ne s'en portera que mieux. Mais il y a aussi un effet plus direct du sport sur le fonctionnement du cerveau. On l'a démontré il y a assez longtemps chez l'animal : par exemple, les rats qui ont accès dans leur cage à une roue dans laquelle courir, les rats sportifs, sont bien meilleurs que les rats oisifs pour se repérer dans un labyrinthe.

Est-ce que cela se vérifie aussi chez les êtres humains ?

La plupart des études sur les liens entre exercice physique et intellect sont « observationnelles » : on interroge des gens pour connaître leurs habitudes, on les teste pour connaître leurs capacités intellectuelles. Éventuellement, surtout quand il s'agit d'études sur le vieillissement, on les teste à nouveau quelques mois ou quelques années plus tard pour savoir comment ils évoluent. En gros, la plupart de ces études suggèrent un effet bénéfique de l'exercice.

D'habitude, c'est à propos des enfants et des personnes âgées qu'on se pose de telles questions : que peut-on faire pour que les enfants apprennent mieux à l'école ? Que peut-on faire pour que les personnes âgées gardent une bonne mémoire plus longtemps ? Le sport est-il bénéfique aux deux extrêmes de la vie ?

Probablement oui, même si ce n'est pas forcément pour les mêmes raisons. Aux États-Unis, je crois que les écoles ont réduit la part du sport dans les programmes pour passer plus de temps à enseigner les matières « théoriques ». Or c'est probablement un mauvais choix : en effet, chez les enfants en âge d'être scolarisés, il y a une corrélation positive entre l'activité physique et les performances intellectuelles ou scolaires. En ce qui concerne les personnes âgées, là aussi les études « observationnelles » suggèrent qu'au cours du vieillissement l'activité physique est associée non seulement au maintien des capacités intellectuelles, mais même à une moindre apparition de la maladie d'Alzheimer.

Mais ces études qui montrent une corrélation entre sport et intellect ne démontrent pas formellement que c'est grâce au sport que le fonctionnement intellectuel est meilleur.

En effet. C'est pourquoi on a mené des études « interventionnelles ». On prend par exemple deux groupes de sujets de plus de 60 ans, parfaitement comparables par leur âge, leur santé, leur niveau d'éducation, etc. On demande à un groupe de pratiquer des exercices physiques actifs (marcher, nager, pédaler, etc.) et à l'autre groupe d'avoir une activité physique si je puis dire plus passive (stretching, massages). Puis on compare l'évolution des capacités intellectuelles des uns et des autres.

Et ces études plus rigoureuses confirment les bénéfices de l'exercice physique ?

D'une manière générale, oui, c'est bénéfique pour les sujets bien portants, mais aussi pour ceux qui manifestent des débuts de détérioration intellectuelle. Certaines études suggèrent que les femmes gagneraient plus que les hommes aux exercices physiques. Ces études ont aussi montré que c'est ce qu'on appelle les « fonctions exécutives », celles qui ont à voir avec la réflexion, la décision, l'adaptation aux situations nouvelles, qui y gagnent le plus.

L'imagerie cérébrale permet-elle d'expliquer ces effets de l'exercice sur le cerveau ?

Elle permet, dans une certaine mesure, de « voir » ces effets. Par exemple, chez des sujets âgés qui font de l'exercice, pendant une tâche intellectuelle mettant à contribution ces fameuses « fonctions exécutives », les activations cérébrales des régions frontales ressemblent plus aux activations des sujets jeunes. Ce qui est assez remarquable, c'est que l'exercice semble même entraîner des changements dans l'anatomie du cerveau, puisque, chez ces sujets âgés « sportifs », on note une augmentation du volume de la substance grise, c'est-à-dire du cortex, dans les régions fronto-temporales.

Et connaît-on plus en détail les mécanismes par lesquels le sport peut avoir cette influence sur le cerveau ?

Récemment, des chercheurs ont fait là-dessus une étude remarquable combinant des souris et des hommes. Ils ont fait faire de l'exercice physique à leurs souris, et ont observé en IRM une augmentation du débit sanguin de l'hippocampe, une région cérébrale dont vous savez qu'elle joue un rôle important dans la mémoire et la maladie d'Alzheimer. Après cela, les souris sportives ont été autopsiées et on a vu que cette augmentation du débit sanguin était due au fait que les neurones s'étaient multipliés dans l'hippocampe. Ils ont ensuite tenté la même expérience avec des humains : trois mois d'exercice physique et une IRM cérébrale. Comme chez les souris, l'exercice physique entraînait une augmentation du débit sanguin dans l'hippocampe, corrélée à une amélioration dans des tests de mémoire. Évidemment, les sujets n'ont pas été autopsiés, mais, par analogie avec les souris, on peut imaginer que l'exercice physique a favorisé la multiplication des neurones dans les hippocampes des humains.

Peut-on entrer encore plus dans les détails ? Sait-on par quelles voies l'exercice peut entraîner ces modifications dans la pousse et l'activité des neurones ?

Un des mécanismes est la production dans le cerveau de diverses substances aux noms poétiques comme IGF1, VEGF, BDNF, etc. Par exemple, on sait que l'exercice physique augmente la production de BDNF dans le cerveau (c'est une augmentation qui est même mesurable dans une prise de sang chez l'homme après un exercice physique). Or ce fameux BDNF est impliqué d'une part dans la survie et la pousse des nouveaux neurones, et d'autre part dans le réglage fin des connexions entre cellules, réglage qui est à la base de la formation de nouveaux souvenirs. D'ailleurs, chez la souris, si l'on bloque l'effet du BDNF, on perd l'effet de l'exercice sur l'apprentissage de la circulation dans un labyrinthe.

Donc, on peut dire que l'exercice physique a un effet favorable sur le fonctionnement intellectuel en réduisant les risques cardiovasculaires, mais aussi un effet direct sur le fonctionnement cérébral, en passant par des mécanismes neurochimiques dont nous venons de parler. Ces bénéfices sont valables pour les sujets bien portants de tout âge, mais probablement aussi pour des gens qui souffrent d'un début de détérioration intellectuelle.

Évidemment, nous parlons d'un exercice physique raisonnable : ce n'est pas la peine de courir le risque d'un infarctus en se remettant sauvagement au tennis à 55 ans sans contrôle médical.

Qu'est-ce que c'est qu'un neurologue ?

Il faut le dire, les neurologues traînent une mauvaise réputation. On les considère souvent comme de beaux esprits, aimant établir des diagnostics difficiles et rares, mais incapables de soigner les patients, et, pire encore, se moquant de pouvoir les guérir ou non. Qu'en pense un neurologue ?

Le neurologue pense que c'est une pure et simple calomnie ! D'abord, les maladies neurologiques sont extrêmement fréquentes : la migraine (une personne sur sept en France), c'est de la neurologie, la maladie d'Alzheimer ou de Parkinson, les accidents vasculaires cérébraux, la sclérose en plaques, l'épilepsie, toutes les myopathies, tout cela, c'est de la neurologie. Et on ne sait pas assez qu'une grande proportion des urgences médicales sont neurologiques : les accidents vasculaires, les traumatismes crâniens, les comas, etc.

Tout le monde risque donc d'être confronté à un problème neurologique, personnellement ou dans son entourage proche, mais est-ce qu'il y a des traitements efficaces ?

Bien sûr ! et plus que dans beaucoup d'autres spécialités ! Au cours des dernières années, il y a eu de grandes innovations thérapeutiques, pour traiter des problèmes bénins mais fréquents comme la migraine, mais aussi pour des pathologies graves. De nouveaux traitements permettent de déboucher une artère dans les heures qui suivent un accident vasculaire, de mieux prévenir les poussées de sclérose en plaques, de traiter certaines maladies de Parkinson grâce à des électrodes implantées dans le cerveau, de contrôler certaines tumeurs cérébrales malignes, etc. Ce ne sont que quelques exemples, mais qui prouvent que la neurologie est une discipline très active sur le plan thérapeutique. Toutefois, je ne voudrais pas être mal compris et donner de faux espoirs : de grands progrès ont été faits, mais la vérité est que nous sommes encore très démunis dans bien des situations.

Justice est ainsi rendue aux neurologues. Mais pourquoi devient-on neurologue ?

Il y a autant de raisons que de neurologues. Selon moi, parmi les intérêts particuliers de la neurologie, il y a le fait qu'un cœur ou un poumon d'homme n'est pas bien différent d'un cœur ou d'un poumon de cochon, alors qu'avoir affaire à un cerveau d'homme, c'est avoir affaire à la substance même de la nature et de l'esprit humains. Et puis, pour ceux qui ont du goût pour les sciences, et pas seulement pour la clinique, il y a le monde immense des neurosciences qui explorent les mécanismes du système nerveux, et qui sont en pleine explosion.

Comment devient-on neurologue ?

Le cursus est le même que pour les autres spécialités médicales. Après le concours d'internat, c'est-à-dire après cinq ans d'études médicales, on suit quatre ans de spécialisation en travaillant comme interne dans différents services, souvent en s'interrompant pour faire un an de recherche scientifique. Puis on continue éventuellement deux à quatre ans de plus dans un hôpital public en tant que chef de clinique ou l'équivalent. Ensuite, soit on s'installe comme neurologue libéral, soit on continue à travailler dans les hôpitaux publics.

Et combien y a-t-il de neurologues en France ?

Entre 1 500 et 2 000, dont environ deux tiers dans le service public et un tiers en libéral.

Comment se passe une consultation avec un neurologue, que fait-il, quels sont ses outils de travail ?

Un bon neurologue travaille beaucoup avec ses oreilles. Il va passer tout le temps nécessaire à vous faire raconter votre histoire dans ses moindres détails, à vous cuisiner, comme s'il faisait une enquête policière. Ce n'est pas une curiosité malsaine : souvent le diagnostic viendra d'une analyse exacte de votre histoire. Imaginez que vous ayez une main qui manque de force. Selon que ce problème est apparu d'une seconde à l'autre, ou progressivement sur deux jours, ou progressivement sur un mois, que les choses se sont améliorées spontanément ou non, qu'en plus vous avez des douleurs ou des fourmillements, que votre cou vous fait souffrir ou non, le neurologue va faire des diagnostics très différents.

Donc, contrairement à un dermatologue, un neurologue pourrait travailler les yeux fermés ?

Non, il y a aussi beaucoup de choses à observer. Par exemple, le neurologue, en voyant entrer dans son cabinet un patient qui marche difficilement, va pouvoir établir un diagnostic au premier coup d'œil selon le style de marche. La maladie de Parkinson, les myopathies, les polynévrites, les séquelles d'un accident vasculaire, les maladies du cervelet ou de la moelle, certains problèmes psychiatriques, sont responsables de troubles de la marche dont l'allure diffère pour l'œil exercé.

Et le fameux marteau à réflexes, l'insigne des neurologues ?

Après s'être fait une idée en vous écoutant et en vous regardant, le neurologue va utiliser ses mains et préciser les choses en testant votre force, votre sensibilité, vos réflexes, etc. Le marteau permet de tester plus facilement certains réflexes. Il existe une foule de petits tests de ce genre, mais il va choisir ceux qu'il pense être utiles dans votre cas. Si vous consultez pour des problèmes de mémoire ou d'autres troubles intellectuels, il testera votre langage, vos gestes, vos souvenirs, etc.

Tout cela semble un peu vieillot, ça manque de technologie…

Une fois qu'il se sera fait une idée, avec ses oreilles, ses yeux et ses mains, le neurologue va éventuellement vous prescrire des examens plus ou moins sophistiqués. Mais attention ! assez souvent, aucun examen complémentaire n'est nécessaire. Cela ne veut pas dire que le neurologue n'est pas bon. Une migraine, une maladie de Parkinson, dans les cas bien clairs, ne demandent aucun examen complémentaire.

Mais les examens complémentaires n'ont-ils tout de même pas révolutionné les possibilités de diagnostic ?

Si, évidemment. Pour ne donner qu'un seul exemple, jusqu'à l'avènement du bon vieux scanner à la fin des années 1970, on ne pouvait tout simplement pas voir le cerveau autrement qu'en ouvrant la tête des patients. Nous disposons aujourd'hui d'innombrables techniques d'imagerie, d'électrophysiologie, de biologie, de génétique, etc.

Et une fois parvenu à un diagnostic, que fait le neurologue ?

Comme tous les médecins, il commence par vous donner les explications les plus claires possibles sur ce qui vous arrive, vous fait part éventuellement de ses doutes et de son ignorance. Puis, selon les cas, il vous prescrit des médicaments, une rééducation, si besoin il vous adresse à un collègue mieux équipé, en particulier un neurochirurgien, un rhumatologue ou un psychiatre, qui sont des spécialités avec lesquelles les neurologues ont le plus d'échanges.

Conclusion

Trente questions sur le cerveau de l'homme, qui sont comme trente coups de sonde dans l'océan de la nature humaine : voir et entendre, agir, calculer, avoir peur, rêver, se souvenir et se projeter dans l'avenir, s'adapter à des situations nouvelles, juger du bien et du mal, sentir son corps, parler, comprendre, lire... Il y a quelques années encore, des pans entiers de notre vie mentale paraissaient devoir échapper à tout jamais à l'entreprise des neurosciences : les mystères de la conscience, l'intimité des émotions, la subtilité des relations sociales et des règles morales. Aujourd'hui, notre ignorance est encore immense dans tous ces domaines, mais au moins sommes-nous certains qu'ils sont accessibles à une approche scientifique classique, celle-là même qui a fait ses preuves dans la compréhension du monde par la physique, la chimie ou la biologie moléculaire. Aucune question n'est désormais interdite.

Qu'attendre de ces recherches ? D'abord, satisfaire notre infinie curiosité. De quoi la matière est-elle faite, d'où viennent les étoiles, comment fonctionne une cellule et, retournant cette même curiosité vers notre propre nature, qu'est-ce qu'un homme ? Et, au-delà, connaître le cerveau humain pourra sans nul doute aider à améliorer notre sort et à soulager nos souffrances. Prenons quelques exemples parmi les questions évoquées dans ce livre. La « lecture des pensées » grâce à l'imagerie cérébrale permettra sûrement bientôt à des patients paralysés de piloter prothèses ou robots, à des patients comateux ou végétatifs de bénéficier des soins et des stimulations adaptés à leur cas. Un diagnostic précoce de la maladie d'Alzheimer grâce à des tests de mémoire ou à des mesures anatomiques sensibles aux lésions débutantes des hippocampes devrait permettre de commencer au plus tôt des traitements bloquant ou inversant l'évolution de la maladie. Un dépistage rapide et l'analyse d'anomalies subtiles du fonctionnement cérébral offriront aux enfants souffrant de dyslexie, d'autisme ou d'autres troubles du développement la possibilité de bénéficier de techniques éducatives adaptées. D'autres progrès poseront encore de nouvelles questions dont les retombées, néfastes ou favorables, pourront avoir un impact sur la société tout entière. Par exemple, si la génétique permet de mesurer non seulement les prédispositions au diabète ou au cancer du côlon, mais aussi celles à avoir une bonne mémoire, à être impulsif, dépressif ou socialement inadapté, et que les tests voient leur prix chuter et leur disponibilité s'étendre, quel sera l'impact sur la procréation, sur l'éducation, sur le marché du travail, sur les relations sociales ?

L'avenir nous réserve encore bien des surprises… J'espère que ces trente dialogues auront fait partager au lecteur la fascination pour le cerveau de l'homme qu'éprouvent tous ceux qui sont allés jeter un coup d'œil dans les rouages de cette incroyable machine.

Bibliographie

Bigger is better : un gros cerveau vaut-il mieux qu'un petit ?

WOODS C. G., BOND J., ENARD W. (2005), « Autosomal recessive primary microcephaly (MCPH) : A review of clinical, molecular, and evolutionary findings », *Am. J. Hum. Genet.*, 76, p. 717-728.

SHAW P., GREENSTEIN D., LERCH J., CLASEN L., LENROOT R., GOGTAY N., EVANS A., RAPOPORT J., et GIEDD J. (2006), « Intellectual ability and cortical development in children and adolescents », *Nature*, 440, p. 676-679.

Le cerveau des experts

MAGUIRE E. A., GADIAN D. G., JOHNSRUDE I. S., GOOD C. D., ASHBURNER J., FRACKOWIAK R. S. et FRITH, C. D. (2000), « Navigation-related structural change in the hippocampi of taxi drivers », *Proc. Natl. Acad. Sci. USA*, 97, p. 4398-4403.

DRAGANSKI B., GASER C., BUSCH V., SCHUIERER G., BOGDAHN U. et MAY A. (2004), « Neuroplasticity : Changes in grey matter induced by training », *Nature*, 427, p. 311-312.

GOLESTANI N., MOLKO N., DEHAENE S., LEBIHAN D., PALLIER C. (2007), « Brain structure predicts the learning of foreign speech sounds », *Cerebral Cortex*, 17, p. 575-582.

Assurancetourix et les neurosciences

DALLA BELLA S., GIGUERE J. F., PERETZ I. (2007), « Singing proficiency in the general population », *J. Acoust. Soc. Am.*, 121, p. 1182-1189.

PERETZ I., CUMMINGS S., DUBE M. P. (2007) « The genetics of congenital amusia (tone deafness) : A family-aggregation study », *Am. J. Hum. Genet.*, 81, p. 582-588.

HYDE K. L., LERCH J. P., ZATORRE R. J., GRIFFITHS T. D., EVANS A. C., PERETZ I. (2007), « Cortical thickness in congenital amusia : When less is better than more », *J. Neurosci.*, 27, p. 13028-13032.

L'oreille absolue

LEVITIN D. J., ROGERS S. E. (2005), « Absolute pitch : Perception, coding, and controversies », *Trends Cogn. Sci.*, 9, p. 26-33.

ZATORRE R. J. (2003), « Absolute pitch : A model for understanding the influence of genes and development on neural and cognitive function », *Nat. Neurosci.*, 6, p. 692-695.

ITOH K., SUWAZONO S., ARAO H., MIYAZAKI K., NAKADA T. (2005), « Electrophysiological correlates of absolute pitch and relative pitch », *Cerebral Cortex*, 15, p. 760-769.

Comment sortir de la routine : les lobes frontaux

LHERMITTE F., PILLON B., SERDARU M. (1986), « Human autonomy and the frontal lobes. Part I : Imitation and utilization behavior : A neuropsychological study of 75 patients », *Ann. Neurol.*, 19, p. 326-334.

Hémisphère gauche et cerveau fendu

COHEN L. (2004), *L'Homme thermomètre. Le cerveau en pièces détachées*, Paris, Odile Jacob.

Pourquoi les chimpanzés ne parlent pas : l'aventure de FOXP2

MEHLER J., DUPOUX E. (1990), *Naître humain*, Paris, Odile Jacob.

BOLHUIS J. J., GAHR M. (2006), « Neural mechanisms of birdsong memory », *Nat. Rev. Neurosci.*, 7, p. 347-357.

FISHER S. E., MARCUS G. F. (2006), « The eloquent ape : Genes, brains and the evolution of language », *Nat. Rev. Genet.*, 7, p. 9-20.

GALABURDA A. M., LOTURCO J., RAMUS F., FITCH R. H., ROSEN G. D. (2006), « From genes to behavior in developmental dyslexia », *Nat. Neurosci.*, 9, p. 1213-1217.

GROEN W. B., ZWIERS M. P., VAN DER GAAG R. J., BUITELAAR J. K. (2008), « The phenotype and neural correlates of language in autism : An integrative review », *Neurosci. Biobehav. Rev.*, 32, 8, p. 1416-1425.

SPITERI E., KONOPKA G., COPPOLA G., BOMAR J., OLDHAM M., OU J., VERNES S. C., FISHER S. E., REN B., GESCHWIND D. H. (2007), « Identification of the transcriptional targets of FOXP2, a gene linked to speech and language, in developing human brain », *Am. J. Hum. Genet.*, 81, p. 1144-1157.

Les bébés parleurs

KUHL P., RIVERA-GAXIOLA M. (2008), « Neural substrates of language acquisition », *Annu. Rev. Neurosci.*, 31, p. 511-534.

KUHL P. K. (2004), « Early language acquisition : Cracking the speech code », *Nat. Rev. Neurosci.*, 5, p. 831-843.

KUHL P. K., TSAO F. M., LIU H. M. (2003), « Foreign-language experience in infancy : Effects of short-term exposure and social interaction on phonetic learning », *Proc. Natl. Acad. Sci. USA*, 100, p. 9096-9101.

BEECHER M. D., BURT J. M. (2004), « The role of social interaction in bird song learning », *Current Directions In Psychological Science*, 13, p. 224-228.

DE BOYSSON-BARDIES B. (2004), *Comment la parole vient aux enfants*, Paris, Odile Jacob.

GOLDSTEIN M. H., KING A. P., WEST M. J. (2003), « Social interaction shapes babbling : Testing parallels between birdsong and speech », *Proc. Natl. Acad. Sci. USA*, 100, p. 8030-8035.

DEHAENE-LAMBERTZ G., HERTZ-PANNIER L., DUBOIS J. (2006a), « Nature and nurture in language acquisition : Anatomical and functional brain-imaging studies in infants », *Trends Neurosci.*, 29, p. 367-373.

DEHAENE-LAMBERTZ G., HERTZ-PANNIER L., DUBOIS J., MERIAUX S., ROCHE A., SIGMAN M., DEHAENE S. (2006b), « Functional organization of perisylvian activation during presentation of sentences in preverbal infants », *Proc. Natl. Acad. Sci. USA*, 103, p. 14240-1425.

Le cerveau lecteur

DEHAENE S. (2008), *Les Neurones de la lecture*, Paris, Odile Jacob.

DEJERINE J. (1892), « Contribution à l'étude anatomo-pathologique et clinique des différentes variétés de cécité verbale », *Mémoires de la Société de biologie*, 4, p. 61-90.

COHEN L., MARTINAUD O., LEMER C., LEHERICY S., SAMSON Y., OBADIA M., SLACHEVSKY A., DEHAENE S. (2003), « Visual word recognition in the left and right hemispheres : Anatomical and functional correlates of peripheral alexias », *Cerebral Cortex*, 13, p. 1313-1333.

Le calcul mental, du pigeon à Einstein

DEHAENE S. (1997), *La Bosse des maths*, Paris, Odile Jacob.

PICA P., LEMER C., IZARD V., DEHAENE S. (2004), « Exact and approximate arithmetic in an Amazonian indigene group », *Science*, 306, p. 499-503.

FEIGENSON L., DEHAENE S., SPELKE E. (2004), « Core systems of number », *Trends Cogn. Sci.*, 8, p. 307-314.

DEHAENE S, COHEN L. (1991), « Two mental calculation systems : A case study of severe acalculia with preserved approximation », *Neuropsychologia*, 29, p. 1045-1074.

DEHAENE S., COHEN L. (1997), « Cerebral pathways for calculation : Double dissociations between Gerstmann's acalculia and subcortical acalculia », *Cortex*, 33, p. 219-250.

Que voit-on dans un visage ?

HAXBY J. V., HOFFMAN E. A., GOBBINI M. I. (2000), « The distributed human neural system for face perception », *Trends Cogn. Sci.*, 4, p. 223-233.

ADOLPHS R. (2008), « Fear, faces, and the human amygdala », *Curr. Opin. Neurobiol.*, 18, p. 166-172.

CAMPBELL R. (2008), « The processing of audio-visual speech : Empirical and neural bases », *Philos. Trans. R. Soc. Lond. B. Biol. Sci.*, 363, p. 1001-1010.

RHODES G. (2006), « The evolutionary psychology of facial beauty », *Annu. Rev. Psychol.*, 57, p. 199-226.

DeBruine L. M. (2004), « Facial resemblance increases the attractiveness of same-sex faces more than other-sex faces », *Proc. Biol. Sci.*, 271, p. 2085-2090.

La tête du Président : un peu de neuropolitique

AMODIO D. M., JOST J. T., MASTER S. L., YEE C. M. (2007), « Neurocognitive correlates of liberalism and conservatism », *Nat. Neurosci.*, 10, p. 1246-1247.

CUNNINGHAM W. A., JOHNSON M. K., RAYE C. L., GATENBY C. J., GORE J. C., BANAJI M. R. (2004), « Separable neural components in the processing of black and white faces », *Psychol. Sci.*, 15, p. 806-813.

Le cauchemar des sosies

ELLIS H. D., LEWIS M. B. (2001), « Capgras delusion : A window on face recognition », *Trends Cogn. Sci.*, 5, p. 149-156.

HIRSTEIN W., RAMACHANDRAN V. S. (1997), « Capgras syndrome : A novel probe for understanding the neural representation of the identity and familiarity of persons », *Proc. Biol. Sci.*, 264, p. 437-444.

Attention et négligence : gare au gorille

SIMONS D. J. (2000), « Attentional capture and inattentional blindness », *Trends Cogn. Sci.*, 4, p. 147-155.

CORBETTA M., KINCADE M. J., LEWIS C., SNYDER A. Z, SAPIR A. (2005), « Neural basis and recovery of spatial attention deficits in spatial neglect », *Nat. Neurosci.*, 8, p. 1603-1610.

MARSHALL J. C., HALLIGAN P. W. (1988), « Blindsight and insight in visuo-spatial neglect », *Nature*, 336, p. 766-767.

Croyez-vous aux fantômes ?

RAMACHANDRAN V. S., ROGERS-RAMACHANDRAN D. (1996), « Synaesthesia in phantom limbs induced with mirrors », *Proc. Biol. Sci.*, 263, p. 377-386.

RAMACHANDRAN V. S., ROGERS-RAMACHANDRAN D. (2000), « Phantom limbs and neural plasticity », *Arch. Neurol.*, 57, p. 317-320.

BRUGGER P., KOLLIAS S. S., MURI R. M., CRELIER G., HEPP-REYMOND M. C., REGARD M. (2000), « Beyond re-membering : Phantom sensations of congenitally absent limbs », *Proc. Natl. Acad. Sci. USA*, 97, p. 6167-6172.

J'hallucine !

GRIFFITHS T. D. (2000), « Musical hallucinosis in acquired deafness. Phenomenology and brain substrate », *Brain*, 123 (Pt 10), p. 2065-2076.

FRITH C. (2005), « The neural basis of hallucinations and delusions », *C. R. Biol.*, 328, p. 169-175.

BLAKEMORE S. J., WOLPERT D. M., FRITH C. D. (1998), « Central cancellation of self-produced tickle sensation », *Nat. Neurosci.*, 1, p. 635-640.

Rouge comme 5, bleu comme 3 : êtes-vous synesthète ?

HUBBARD E. M., RAMACHANDRAN V. S. (2005), « Neurocognitive mechanisms of synesthesia », *Neuron*, 48, p. 509-520.

WITTHOFT N., WINAWER J. (2006), « Synesthetic colors determined by having colored refrigerator magnets in childhood », *Cortex*, 42 : 175-83.

Peut-on lire dans les pensées ?

O'CRAVEN K. M., KANWISHER N. (2000), « Mental imagery of faces and places activates corresponding stimulus-specific brain regions », *J. Cogn. Neurosci.*, 12, p. 1013-1023.

THIRION B., DUCHESNAY E., HUBBARD E., DUBOIS J., POLINE J. B., LEBIHAN D., DEHAENE S. (2006), « Inverse retinotopy : Inferring the visual content of images from brain activation patterns », *Neuroimage*, 33, p. 1104-1116.

KAY K. N., NASELARIS T., PRENGER R. J., GALLANT J. L. (2008), « Identifying natural images from human brain activity », *Nature*, 452, p. 352-355.

HAGGARD P., EIMER M. (1999), « On the relation between brain potentials and the awareness of voluntary movements », *Exp. Brain Res.*, 126, p. 128-133.

SIP K. E., ROEPSTORFF A., MCGREGOR W., FRITH C. D. (2008), « Detecting deception : The scope and limits », *Trends Cogn. Sci.*, 12, p. 48-53.

HOCHBERG L. R., SERRUYA M. D., FRIEHS G. M., MUKAND J. A., SALEH M., CAPLAN A. H., BRANNER A., CHEN D., PENN R. D., DONOGHUE J. P. (2006), « Neuronal ensemble control of prosthetic devices by a human with tetraplegia », *Nature*, 442, p. 164-171.

La mémoire perdue d'un hippocampe

SCOVILLE W. B., MILNER B. (1957), « Loss of recent memory after bilateral hippocampal lesions », *J. Neurol. Neurosurg. Psychiatry*, 20, p. 11-21.

KROLL N. E. A., KNIGHT R. T., METCALFE J., WOLF E. S., TULVING E. (1996), « Cohesion failure as a source of memory illusions », *Journal of Memory and Language*, 35, p. 176-196.

Dormir pour apprendre, ou les aventures du rat somnambule

MARSHALL L., BORN J. (2007), « The contribution of sleep to hippocampus-dependent memory consolidation », *Trends Cogn. Sci.*, 11, p. 442-450.

LEE A. K., WILSON M. A. (2002), « Memory of sequential experience in the hippocampus during slow wave sleep », *Neuron*, 36, p. 1183-1194.

PEIGNEUX P., LAUREYS S., FUCHS S., COLLETTE F., PERRIN F., REGGERS J., PHILLIPS C., DEGUELDRE C., DEL FIORE G., AERTS J., LUXEN A., MAQUET P. (2004), « Are spatial memories strengthened in the human hippocampus during slow wave sleep ? », *Neuron*, 44, p. 535-545.

RASCH B., BUCHEL C., GAIS S., BORN J. (2007), « Odor cues during slow-wave sleep prompt declarative memory consolidation », *Science*, 315, p. 1426-1429.

Perdu dans le centre commercial

SCHACTER D. L. (2003), *Science de la mémoire*, Paris, Odile Jacob.

LOFTUS E. F., DAVIS D. (2006), « Recovered memories », *Annu. Rev. Clin. Psychol.*, 2, p. 469-498.

BUCKNER R. L., CARROLL D. C. (2007), « Self-projection and the brain », *Trends Cogn. Sci.*, 11, p. 49-57.

Une mémoire exceptionnelle

DE QUERVAIN D., PAPASSOTIROPOULOS A. (2006), « Identification of a genetic cluster influencing memory performance and hippocampal activity in humans », *Proc. Natl. Acad. Sci. USA*, 103, p. 4270-4274.

MAGUIRE E. A., VALENTINE E. R., WILDING J. M., KAPUR N. (2003), « Routes to remembering : The brains behind superior memory », *Nat. Neurosci.*, 6, p. 90-95.

L'effet placebo

WAGER T. D., RILLING J. K., SMITH E. E., SOKOLIK A., CASEY K. L., DAVIDSON R. J., KOSSLYN S. M., ROSE R. M., COHEN J. D. (2004), « Placebo-induced changes in fMRI in the anticipation and experience of pain », *Science*, 303, p. 1162-1167.

Fier comme un judoka aveugle

TRACY J. L., MATSUMOTO D. (2008), « The spontaneous expression of pride and shame : Evidence for biologically innate nonverbal displays », *Proc. Natl. Acad. Sci. USA*, 105, p. 11655-11660.

Le cerveau et la morale : ne ratez pas le train

GREENE J. D., NYSTROM L. E., ENGELL A. D., DARLEY J. M., COHEN J. D. (2004), « The neural bases of cognitive conflict and control in moral judgment », *Neuron*, 44, p. 389-400.

BROSNAN S. F., DE WAAL F. B. (2003), « Monkeys reject unequal pay », *Nature*, 425, p. 297-299.

Il ne lui manque que la parole : le chien en société

HARE B., TOMASELLO M. (2005), « Human-like social skills in dogs ? », *Trends Cogn. Sci.*, 9, p. 439-444.

Le cerveau, la conscience, le tennis et la mort

OWEN A. M., COLEMAN M. R., BOLY M., DAVIS M. H., LAUREYS S., PICKARD J. D. (2006), « Detecting awareness in the vegetative state », *Science*, 313, 1402.

KRASNIANSKI M., GAUL C., NEUDECKER S., BEHRMANN C., SCHLUTER A., WINTERHOLLER M. (2003), « Yawning despite trismus in a patient with locked-in syndrome caused by a thrombosed megadolichobasilar artery », *Clin. Neurol. Neurosurg.*, 106, p. 44-46.

LAUREYS S. (2005), « Science and society : Death, unconsciousness and the brain », *Nat. Rev. Neurosci.*, 6, p. 899-909.

Les migraines de sainte Hildegarde

HADJIKHANI N., SANCHEZ DEL RIO M., WU O., SCHWARTZ D., BAKKER D., FISCHL B., KWONG K. K., CUTRER F. M., ROSEN B. R., TOOTELL R. B., SORENSEN A. G., MOSKOWITZ M. A. (2001), « Mechanisms of migraine aura revealed by functional MRI in human visual cortex », *Proc. Natl. Acad. Sci. USA*, 98, p. 4687-4692.

SACKS O. (1996), *Migraine*, Paris, Seuil.

MAY A., MATHARU M. (2007), « New insights into migraine : Application of functional and structural imaging », *Curr. Opin. Neurol.*, 20, p. 306-309.

Les jurons de la marquise, ou la maladie de Gilles de La Tourette

ALBIN R. L., MINK J. W. (2006), « Recent advances in Tourette syndrome research », *Trends Neurosci.*, 29, p. 175-182.

OLSON S. (2004), « Neurobiology. Making sense of Tourette's », *Science*, 305, p. 1390-1392.

ASHOORI A., JANKOVIC J. (2007), « Mozart's movements and behaviour : A case of Tourette's syndrome ? », *J. Neurol. Neurosurg. Psychiatry*, 78, p. 1171-1175.

Le bégaiement

WATKINS K. E., SMITH S. M., DAVIS S., HOWELL P. (2008), « Structural and functional abnormalities of the motor system in developmental stuttering », *Brain*, 131, p. 50-59.

BOTHE A. K., DAVIDOW J. H., BRAMLETT R. E., FRANIC D. M., INGHAM R. J. (2006), « Stuttering treatment research 1970-2005 : II. Systematic review incorporating trial quality assessment of pharmacological approaches », *Am. J. Speech Lang. Pathol.*, 15, p. 342-352.

BOTHE A. K., DAVIDOW J. H., BRAMLETT R. E., INGHAM R. J. (2006), « Stuttering treatment research 1970-2005 : I. Systematic review incorporating trial quality assessment of behavioral, cognitive, and related approaches », *Am. J. Speech Lang. Pathol.*, 15, p. 321-341.

Le sport est-il bon pour le cerveau ?

HILLMAN C. H., ERICKSON K. I., KRAMER A. F. (2008), « Be smart, exercise your heart : Exercise effects on brain and cognition », *Nat. Rev. Neurosci.*, 9, p. 58-65.

Table des matières

Crédits

Figure 5 : Lhermitte F., Pillon B., Serdaru M., « Human autonomy and the frontal lobes. Part I : Imitation and utilization behavior : a neuropsychological study of 75 patients », *Ann. Neurol.*, 1986 ; 19 : 326-34. © 1986, Annals of Neurology. Reproduit avec l'aimable autorisation de John Wiley & Sons, Inc.

Figure 6 (à droite) : Demonet J.-F., Thierry G., Cardebat D., « Renewal of the neurophysiology of language : Functioìnal neuroimaging », *Physiol. Rev.*, 2004 ; 85 : 49-95. © 2004, The American Physiological Society.

Figure 11 : modifiée à partir de Feigenson L., Dehaene S., Spelke E., « Core systems of number », *Trends Cogn. Sci.*, 2004 ; 8 : 307-314. © 2004, Elsevier Ltd.

Figure 13 (en haut) : Ekman P. et Friesen W., *Pictures of Facial Affect*, © Paul Ekman, 1993.

Figure 15 : Simons D. J. et Chabris C. F., « Gorillas in our midst : Sustained inattentional blindness for dynamic events », *Perception*, 1999, 28, 1059-1074. Image reproduite avec l'aimable autorisation de Daniel Simons. La vidéo d'où est extraite cette figure est disponible sous la forme de DVD auprès de Viscog Productions (www.viscog.com)

Figure 17 : Brugger P., Kollias S. S., Muri R. M., Crelier G., Hepp-Reymond M. C., Regard M., « Beyond re-membering : phantom sensations of congenitally absent limbs », *Proc. Natl. Acad. Sci. USA*, 2000 ; 97 : 6167-72.

Figure 18 : Blakeslee S. et M., *The Body Has a Mind of its Own*, New York, Random House, 2007.

Fig 30 à droite : Tracy J. L., Matsumoto D., « The spontaneous expression of pride and shame : evidence for biologically innate nonverbal displays », *Proc. Natl. Acad. Sci. USA*, 2008 ; 105 : 11655-60.

Fig 35 : © S. Laureys, 2005.

Ouvrage publié sous la responsabilité
éditoriale de Gérard Jorland

Cet ouvrage a été transcodé et mis en pages
chez Nord Compo (Villeneuve d'Ascq)

N° d'impression : 2034296
N° d'édition : 7381-2593-2
Dépôt légal : février 2011

Imprimé en France par CPI